고양이로부터
내 시체를
지키는 방법

고양이로부터 내 시체를 지키는 방법

죽음과 시체에 관한 기상천외한 질문과 과학적 답변

케이틀린 도티 지음 | 이한음 옮김

사□계절

이 책에 쏟아진 찬사

두려운 줄로만 알았던 죽음이 문득 이해되고 공감되며 마침내 친밀한 존재가 되는 느낌. 이 책을 읽으며 나는 죽음에 대해 얼마나 무지한가를 깨달았다. 죽음을 지나치게 심각하고 진지하며 슬프고 무겁게만 바라보았던 것이다. 사실 이 책을 읽다가 너무 웃겨서 의자에서 굴러떨어질 뻔했다. 죽은 줄로만 알았던 시체가 실룩실룩 움직인다거나, 소름 끼치는 좀비가 걸어 다니는 상상력에 익숙해진 우리에게 저자는 상쾌한 일침을 가한다. 시체는 절대 깨어나지 않는다고. 다만 우리 몸속 장기를 먹어 치우며 신바람이 난 세균들이 방귀를 뀌는 것뿐이라고. 과연 죽음은 유쾌하지 않지만, 죽음에 대해 공부하는 것은 유쾌할 수 있다. 이 책과 함께라면 언젠가 다가올 죽음이 그렇게 무섭지만은 않다. 더 좋은 점은 이 책을 읽고 나면 불완전하고 실수투성이인 내 삶을 더욱 사랑하게 된다는 점이다. 죽음에 대한 알찬 지식과 풍부한 데이터를 축적할수록 우리는 지금 바로 이 삶을 더욱 뜨겁게 사랑하게 된다.

— 정여울, 『상처조차 아름다운 당신에게』 저자

진지한 과학의 바탕 위에 죽음에 관한 문화적 교훈과 역사, 날카롭고 으스스한 유머까지 담았다.

— 테리 슐리헨마이어, 『필라델피아 트리뷴』

재미있고 어둡고 때로는 놀랍도록 실존적이다. **— 메리앤 엘로이즈, 『가디언』**

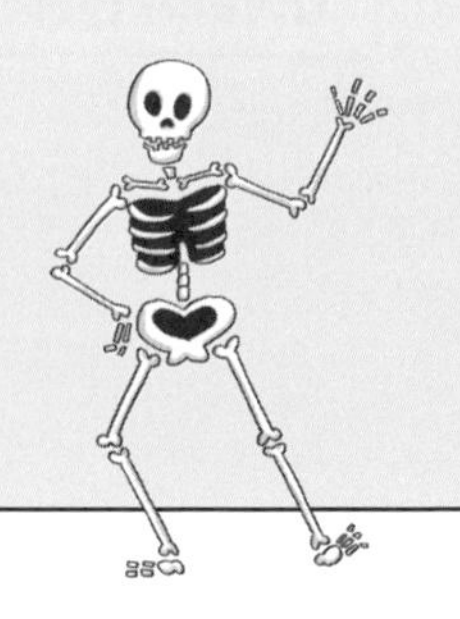

우리가 피하기 위해 엄청난 고통을 겪는 것에 대한 매력적인 가이드.

— B. 데이비드 잘리, 『페이스트』

장례 지도사 케이틀린 도티의 이 책은 썩어 가는 시체에 일어나는 일을 다룬 책 중에서 가장 재미있다. 독자는 자신이 고양이 먹이가 될 때까지 킥킥거릴 것이다. **— 애플 북스**

내 딸이 손에서 내려놓지를 않는다. 딸이 낄낄거리며 내게 읽어 준다. 나도 낄낄거린다.

— 카리 바이런, 과학 프로그램 「호기심 해결사」의 전직 사회자이자 『충돌 검사하는 여자』의 저자

과학과 유머를 재치 있게 뒤섞은 책! 너무 재밌다. **— 『라이브러리 저널』**

놀라울 만큼 가슴 뭉클하다.

— 크리스티 린치, 『북페이지』

도티의 답은 질문만큼 독특하다. 망자를 존중하는 태도와 유머를 잘 엮었다. 죽음의 의례, 풍습, 법, 과학을 상세히 탐구하며, 돌아가신 할머니의 몸에서 무엇이 새어 나올지를 이야기할 때에도 전혀 부끄러워하지 않는다.

— 줄리아 카스트너, 『셀프 어웨어니스』

시작하기 전에: 언젠가 시체가 될 모든 이에게

안녕, 여러분! 나는 케이틀린이야. 인터넷에서 장례 지도사를 찾으면 나와. 미국 공영 라디오 방송에 죽음 전문가로 출연하기도 하지. 누군가의 생일에 연예인 사진과 시리얼 상자를 선물하는 이상한 이모이기도 해. (이 사람 저 사람에게 전혀 다른 사람으로 비치지.)

어릴 때 나는 무시무시한 죽음을 접한 적이 있어. 하지만 그 일을 겪고서 죽음을 멀리하는 대신에 더 자세히 알고 싶어졌어. 그 뒤로 여러 해 동안 의학의 역사를 공부하고, 화장터에서 일하고, 학교에 가서 시신을 방부 처리하는 법을 배우고, 세계를 돌면서 장례 풍습을 조사하고, 장례식장을 열었어.

그런 일들을 하면서 내가 깨달은 것 중 하나는 죽음은 우리 모두에게 찾아온다는 거야. 아무도 피하지 못해. 그러니 죽음을 똑바로 바라보는 편이 더 나아. 약속할게. 그리 나쁘지 않아.

이 책에는 무슨 이야기가 실려 있을까?

아주 단순해. 그동안 내가 받은 죽음에 관한 가장 특이하고 재미있는 질문들과 그에 대한 답을 모은 거야. 걱정 마, 결코 로켓 과학 같은 어려운 내용이 아니니까.

(음, 로켓 과학도 좀 섞여 있긴 해. 「우주에서 죽으면 우주 비행사는 어떻게 될까?」를 봐.)

사람들은 왜 내게 죽음에 관한 이런 별난 질문들을 할까?

음, 다시 말하지만 나는 장례 지도사야. 그리고 별난 질문에 기꺼이 답하려고 하지. 게다가 나는 시체에 관심이 아주 많아. 이상하거나 기괴한 의미로서가 아니야.

나는 미국, 캐나다, 유럽, 호주, 뉴질랜드를 돌아다니면서 사람들에게 죽음의 경이로움을 주제로 강연을 해 왔어. 강연할 때 내가 가장 좋아하는 시간은 질의응답 시간이야. 그럴 때면 사람들이 썩어 가는 시체, 머리 상처, 뼈, 방부 처리, 화장용 장작 같은 것에 정말로 흥미가 많다는 사실을 알 수 있어.

죽음에 관한 질문은 모두 다 좋은 질문이지만, 가장 직설적이면서 호기심을 불러일으키는 질문은 아이들이 해. (부모님께: 꼭 기억하시기를.) 질의응답 시간을 갖기 전까지 나는 아이들이 순수하면서 고상한 질문을 할 것이라고 상상했어.

윽! 절대 아니었어.

아이들이 어른들보다 더 용감하고 똑똑할 때가 많았어. 그리고 무시무시하고 섬뜩한 것에도 눈을 가리지 않았지. 죽은 앵무새의 영혼이 어디로 가는지 궁금해하기도 했지만, 단풍나무 아래에 묻은 신발 상자 속 앵무새의 사체가 얼마나 빨리 썩는지도 정말로 알고 싶어 했어.

이 책에 실린 질문들이 모두 아이들에게서 나온 이유가 바로 그 때문이야. 아이들은 100퍼센트 솔직하고 상상력이 풍부하니까.

이런 질문들 좀 소름 끼치지 않아?

솔직히 말할게. 죽음에 호기심을 갖는 것은 아주 정상이야. 그런데 사람은 나이를 먹으면서 죽음을 궁금해하는 것이 '소름 끼친다'거나 '기이하다'라는 생각을 점점 하게 돼. 죽음을 두려워하게 되고, 다른 사람이 죽음에 관심을 가지면 비판해서 죽음을 직시하는 일을 방해하곤 해.

바로 그 점이 문제야. 요즘 사람들은 죽음을 잘 몰라. 모르니까 더욱 두려워하게 되지. 만약 네가 방부 처리액병에 뭐가 들어 있고, 검시관이 무슨 일을 하고, 카타콤이 무엇인지를 안다면, 대부분의 사람들보다 죽음을 이미 더 많이 아는 셈이야.

물론 죽음은 마주하기 어려운 것이기도 해! 우리가 사랑하는 사람들은 언젠가는 죽음을 맞이해. 그럴 때면 세상이 불공평하다고 느껴지지. 때로 죽음은 폭력적이고 갑작스럽게 찾아와서 견딜 수 없는 슬픔을 안겨 주기도 해. 그러나 그것도 현실이야. 현실은 우리가 좋아하지 않는다고 해서 바뀌지 않아.

우리는 죽음을 즐거운 일로 만들 수는 없지만, 죽음이 무엇인지 배우는 과정은 즐거운 일로 만들 수 있어. 죽음은 과학이자 역사이면서, 미술이자 문학이야. 모든 문화를 연결하고 인류 전체를 하나로 묶는 것이기도 해!

나를 비롯한 많은 이들은 죽음을 포용하고, 죽음에 관해 배우고, 가능한 한 많은 질문을 함으로써 죽음에 대한 두려움을 어느 정도 줄일 수 있다고 생각해.

그렇다면 이런 질문도 괜찮냐고 물을 수 있겠지.
내가 죽으면 고양이가 내 눈알을 파먹을까?

좋은 질문이야. 거기에서 시작해 볼까?

우리는 커서 어떻게 될까?
과학자?
디자이너?
건축가?
의사?
그건 아직 아무도 모르지만

확실한 건
언젠가 죽는다는 것!
헉!

놀랄 일은 아냐.
모두 끝이 있으니까.
지금 먹는 식빵처럼.

태어날 땐 좀 정신없었지만
죽음을 생각할 시간은 아직 많아.
으앙!
번역 : 아, 이렇게
시작되는군!

그러니까 우선 죽음에 대해 아무 질문이나 해 보자.
내가 죽으면 고양이가 내 눈알을 파먹을까?
지금은 아냐.
아직 살아 있어!
야옹

차례

내가 죽으면 고양이가 내 눈알을 파먹을까?

아니. 고양이는 네 눈알을 먹지 않을 거야. 적어도 당장은.

걱정 마. 네 고양이 스니커스 맥머핀은 소파 뒤에서 너를 쳐다보면서 때를 기다리고 있지 않아. 네가 마지막 숨을 몰아쉬면서, "스파르타 전사들이여! 오늘 저녁은 지옥에서 먹자!"*라고 소리치든 말든 관심 없어.

네가 죽은 뒤 몇 시간, 심지어 며칠 동안 스니커스는 네가 다시 일어나서 먹이 그릇에 늘 먹는 먹이를 채워 주기를 기대할 거야. 사람의 살을 파먹겠다고 곧바로 달려들지는 않아. 하지만 고양이는 뭔가 먹어야 하고, 먹이를 주는 사람은 너지. 그게 고양이와 사람의 약속이니까. 죽는다고 해서 그 계약 의무에서 풀려나

* 영화 「300」에 나온 대사. — 옮긴이

는 것은 아니야. 거실에서 심장 마비를 일으켰는데, 다음 주 목요일에 실라와 커피를 마시기로 한 약속 시간에 나타나지 않을 때까지 아무도 네가 죽은 줄 모른다면? 그러면 배가 고파서 도저히 견딜 수 없는 스니커스는 텅 빈 먹이 그릇을 포기하고 네 시신에서 뭐 얻을 게 있는지 살펴볼 수도 있어.

고양이는 얼굴과 목처럼 옷 밖으로 드러난 부드러운 부위를 먹는 경향이 있어. 특히 입과 코를 주로 뜯어 먹어. 물론 눈알을 깨물려고 시도할 수도 있어. 하지만 스니커스는 더 부드럽고 쉽게 먹을 수 있는 쪽을 택할 가능성이 높아. 어느 부위일까? 눈꺼풀, 입술, 혀야.

"내 사랑하는 고양이가 왜 그런 짓을 하겠어?" 그렇게 물을 수도 있어. 그런데 네가 기르는 고양이가 아주아주 귀엽긴 해도, 사자와 DNA의 95.6퍼센트가 같고, 기회가 있으면 다른 동물을 잡는다는 점을 명심해. (미국만 따졌을 때) 고양이가 한 해 동안 죽이는 새는 37억 마리에 달해. 생쥐, 토끼, 들쥐 등 다른 귀여운 포유류까지 더하면 200억 마리는 될 거야. 잔혹한 대량 학살이야. 우리 고양이 군주께서는 숲에 사는 귀여운 동물들의 핏물로 목욕을 하는 거지. 그럴 리가! 우리 커들스워스가 얼마나 사랑스러운데. "나와 TV를 보고 있었다고!" 아니, 커들스워스는 포식자야.

(너의 시신에) 좋은 소식은 미끌미끌하고 불길하다는 소리를 듣는 몇몇 애완동물은 주인을 먹을 능력(또는 관심)이 없다는

거야. 뱀과 도마뱀은 네 시체를 먹지 않을 거야. 완전히 자란 코모도왕도마뱀을 키우는 것이 아니라면.

그러나 좋은 소식은 거기에서 끝이야. 네 개는 너를 완전히 먹어 치울 거야. "설마! 사람의 가장 친한 친구인데!" 설마가 아니야. 네 가장 친한 친구인 개 피피 플러프는 양심의 가책 따위는 전혀 없이 네 시신을 먹을 거야. 처음에는 법의학자가 매우 극악한 살인이 일어난 것이 아닐까 추측했는데, 나중에 플러프가 물어뜯어서 시신이 훼손된 것임이 드러난 사례들도 있어.

그런데 개가 몹시 배가 고파서 네 시신을 물어뜯는 것이 아닐 수도 있어. 플러프는 너를 깨우겠다고 그런 행동을 할 가능성이 더 높아. 개는 자신의 친구에게 뭔가 문제가 생겼다는 것을 알아차려. 아마 불안하고 초조하겠지. 이런 상황에서 개는 주인의 입술을 깨물 수도 있어. 네가 손톱을 물어뜯거나 소셜 미디어에 새로 올라온 내용이 있는지 계속 새로 고침을 하는 것처럼. 누구나 불안을 달래기 위해 나름대로 하는 행동이 있잖아?

아주 슬픈 사례가 하나 있어. 알코올 의존자라고 알려진 40대 여성의 이야기야. 이 사람은 종종 술에 취해 곯아떨어지곤 했어. 그럴 때면 아이리시 세터가 깨우려고 얼굴을 핥거나 다리를 물곤 했지. 어느 날 주인은 숨진 채 발견됐어. 그런데 코와 입이 사라지고 없었어. 세터가 깨우려고 시도한 거야. 안 일어나니까 점점 더 세게 문 거지. 하지만 영영 깨어나지 않았어.

법의학 사례 연구('수의 법의학자'라는 직업이 있다는 것을 아니?)에서는 몸집이 큰 개가 시신을 훼손하는 방식에 초점을 맞추곤 해. 주인의 눈알을 다 빼 먹은 독일셰퍼드, 발가락을 뜯어 먹은 허스키 같은 사례들이야. 하지만 시신의 사후 훼손을 큰 개만 하는 것은 아니야. 치와와인 럼펠스틸츠킨의 이야기를 들어 볼까? 새 주인은 개를 자랑하기 위해 게시판에 사진을 올리면서 '추가 정보'란에 이렇게 썼어. "옛 주인은 사망했는데, 꽤 오랫동안 아무도 죽은 줄 몰랐다. 개는 살기 위해 주인의 시신을 먹었다." 럼펠스틸츠킨은 정말로 용감한 꼬마 생존자처럼 보여.

개가 초조하고 당황해서 그런 행동을 한다고 생각하면, 시신 전체를 먹어 치우는 행동도 덜 섬뜩하게 느껴질 거야. 우리는 반려동물과 끈끈한 유대감을 가져. 우리가 죽으면 반려동물이 입맛을 다시는 것이 아니라 슬퍼하기를 원해. 그런데 왜 그렇게 하기를 기대하는 거지? 우리 반려동물은 죽은 동물을 먹어. 사람이 죽은 동물을 먹는 것처럼(맞아, 네가 채식주의자가 아니라면 말이야). 많은 야생 동물도 시체를 먹을 거야. 우리가 가장 뛰어난 포식자라고 생각하는 동물 중에서도 자기 영토에서 죽은 동물을 보면 신나게 뜯어 먹는 것들(사자, 늑대, 곰)이 있어. 굶주릴 때면 더욱 그렇지. 먹이는 먹이일 뿐이야. 네 시신도 마찬가지야. 그러니 그들에게 마음껏 먹고 자신의 삶을 살아가라고 하자. 이제 좀 섬뜩한 일을 한 경험을 간직하고 있겠지만. 잘 살아, 럼펠스틸츠킨!

한마디로, 많은 문제가 생겨. 우주 시체라니.

광활한 우주처럼 우주 비행사의 시신을 어떻게 해야 할지는 아직 미지의 영역에 속해. 지금까지 우주에서 자연사한 사람은 아무도 없었거든. 사망한 우주 비행사는 18인인데, 모두 우주 재난으로 세상을 떠났어. 우주 왕복선 컬럼비아호(구조 이상으로 선체가 파괴되면서 7인 사망), 우주 왕복선 챌린저호(발사할 때 폭발하면서 7인 사망), 소유스 11호(하강할 때 환기구가 찢기면서 3인 사망, 엄밀한 의미에서 볼 때 우주에서 일어난 사망 사고는 이것뿐이야), 소유스 1호(재진입할 때 캡슐 낙하산이 펴지지 않아서 1인 사망)의 사고로 사망했지. 모두 대규모 재난이었어. 지상에서 시신을 회수했는데 온전하지 않은 경우도 많았지. 그러나 우리는 우주 비행사가 갑작스럽게 심장 마비를 일으키거나, 우주 유영을 할 때 사고를 당하거나, 화성으로 가는 도중에 냉동 건조한 아이스크림을 먹다 목에 걸려 사망하면 어떻게 해야 할지 알지 못해. "음, 지구 관제 센터, 정비실로 띄워 보내야 할까, 아니면……?"

우주 시체를 어찌해야 할지 말하기 전에, 중력과 기압이 전혀 없는 곳에서 죽으면 어떤 일이 일어날지 우선 살펴볼까?

이런 상황을 상상해 보자. 리사 박사라는 우주 비행사가 우주 정거장 바깥에서 느긋하게 돌아다니면서 평소처럼 점검 작업을 진행하는 중이야. (우주 비행사가 느긋하게 돌아다닌다고? 늘 시간을 쪼개어 고도로 전문적인 특수 임무를 처리하지 않느냐고? 하지만 그냥 우주 정거장에 별문제가 없는지 확인하기 위해 우주 유영을 할 때도 있지 않을까?) 그런데 갑자기 날아온 작은 유성체에 부딪혀 리사의 두툼한 하얀 우주복에 큰 구멍이 뚫려.

과학 소설이나 영화에서 본 것처럼, 리사의 눈이 부풀어서 눈구멍 밖으로 삐져나오다가 이윽고 팍 터져서 피와 얼음 파편이 되는 일은 일어나지 않을 거야. 그런 극적인 일 같은 것은 전혀 발생하지 않을 가능성이 높아. 그러나 우주복이 터지면 서둘러 조치를 취해야 해. 9~11초 안에 의식을 잃을 테니까. 이렇게까지 구체적으로 콕 집어서 말하니까, 더욱 다급하고 오싹한 느낌이 들지? 그 시간이 10초라고 해. 리사는 10초 안에 다시 공기 압력을 받는 가압 환경으로 돌아가야 해. 하지만 급속히 압력이 떨어지는 순간에 리사는 쇼크로 죽을 가능성이 높아. 무슨 일이 일어나는지 알아차리지도 못한 채 사망할 거야.

리사를 죽게 할 증상들은 대부분 우주에 공기 압력이 없기 때문에 생겨. 인체는 지구 대기의 압력 아래에서 움직이도록 적응했어. 대기는 불안을 잠재우는 행성 크기의 담요처럼 늘 우리를 덮고 있지. 기압이 사라지는 순간 리사의 몸에 들어 있던 기체는 팽창하기 시작하고 액체는 기체로 변해. 근육에 있는 물은 수증기로 변하고, 수증기는 피부밑으로 몰려서 몸의 표면적을 두 배로 부풀릴 거야. 그러면 바이올렛 뷰리가드*처럼 기이한 모습이 되겠지만, 생존이라는 측면에서는 그보다 더욱 큰 문제가 생겨. 압력이 떨어지면서 핏속에 있는 질소가 끓어올라서 기체 방울이 돼. 그러면 온몸이 죽을 듯이 아파. 잠수병에 걸린 심해 잠수부들이 겪는 통증과 비슷해. 리사는 9~11초 안에 정신을 잃는 편이 차라리 나아. 무슨 일인지 전혀 모른 채 떠다니면서 계속 몸이 부풀어 오르겠지.

1분 30초가 지나면, 리사의 심장 박동 수와 혈압은 쭉 떨어질 거야(피가 끓어오르기 시작할 때까지). 허파 안팎의 압력이 심하게 차이가 나면서 허파는 찢기고 터지면서 피를 쏟아 낼 거야. 즉시 도움을 받지 못한다면 리사는 질식사할 테고, 우리는 우주 시

* 영화 「찰리와 초콜릿 공장」에 나오는 아이 중 하나로 이상한 껌을 씹어서 몸이 풍선처럼 부푼다. — 옮긴이

체를 손에 넣게 되는 거지. 다만 지금까지의 이야기가 모두 추측이라는 점을 기억해 줘. 감압실**에서 불운한 일을 당한 사람이나 더욱 운이 나빴던 동물을 연구해 얻은 빈약한 지식을 토대로 한 거거든.

동료들이 리사를 안으로 들여왔지만 생명을 구하기에는 이미 너무 늦었어. 리사 박사, 평안히 쉬기를. 그러면 이제 시체를 어떻게 해야 할까?

미 항공 우주국 같은 우주 탐사 기관은 비록 공개적으로는 이야기하기를 꺼리지만, 이런 일이 언젠가는 발생할 것이라고 생각해. (그런데 왜 우주 시신 처리 규정을 숨기는 걸까?) 여기서 한 가지 질문! 리사의 시신을 지구로 가져와야 할까? 대답에 따라 어떤 일이 일어날지 살펴보자.

시신을 지구로 가져와야 해

낮은 온도에서는 부패 작용이 느려지니까, 리사의 시신을 지구로 가져오려면(그리고 부패하는 시신에서 나오는 악취 등이 우주 정거장의 생활 구역으로 스며드는 것을 동료 우주 비행사들이 원치 않는다면) 가능한 한 차갑게 유지할 필요가 있어. 국제 우주 정거장에서는 음식물 쓰레기를 비롯한 쓰레기를 가장 추운 곳에 보관해.

** 지상 훈련소에서 기압이 낮은 우주 환경을 모사해 훈련할 때 쓰는 방. — 옮긴이

부패를 일으킬 세균의 활동이 억제되어서 음식물이 덜 썩고, 우주 비행사들이 불쾌한 냄새에 시달릴 일도 적어지니까. 따라서 리사의 시신도 지구로 돌아오기 전까지 그곳에 둘 수 있어. 우주 영웅인 리사 박사를 쓰레기와 함께 둔다는 소식이 전해지면 여론이 그다지 호의적이지 않겠지만 말이야. 우주 정거장의 공간은 한정되어 있고, 쓰레기 보관 구역은 냉각 시설이 이미 갖추어져 있으니까 논리적으로 괜찮아.

시신을 가져와야 하겠지만 당장은 아니야

리사가 화성까지 긴 여행을 하는 도중에 심장 마비로 사망한다면? 2005년 미 항공 우주국은 프로메사라는 스웨덴의 작은 기업과 공동으로 우주 시신을 처리하고 보관할 시스템의 시제품을 개발했어. 보디 백(Body Back)이야. ("지금 몸을 갖고 가고 있어. 시신을 갖고 돌아가는데 온전하지는 않아."*)

우주 정거장에 보디 백 시스템이 있다면, 일은 이런 식으로 진행될 거야. 리사의 시신을 고어텍스로 만든 밀폐된 시신낭에 넣어서 우주선의 기밀실**로 보낼 거야. 기밀실 온도는 우주의 온도

* 친구들, 이 말은 저스틴 팀버레이크를 참고했어. 아, 누군지 모른다고……?

** 우주 정거장에서 우주로 나갈 때 사용하는 방. 우주 영화에서 즐겨 나오는 곳으로 우주선의 공기가 빠져나가지 않도록 하는 곳이다. 바깥으로 나갈 때에는 우주 비행사가 우주복을 입고 기밀실로 들어가 안쪽 문을 닫은 후, 바깥문을 열고 우주로 나간다. 들어올 때는 바깥문을 닫고 공기를 채운 후, 안쪽 문을 연다. — 옮긴이

(영하 270도)와 같으니까 몸이 꽁꽁 얼겠지. 한 시간 뒤 로봇 팔이 시신낭을 다시 우주선 안으로 들여와서 15분 동안 마구 뒤흔들어. 그러면 얼어붙은 리사의 몸은 산산조각이 나. 그다음 이 조각들을 탈수해. 이제 보디 백 안에는 리사였던 약 23킬로그램의 마른 가루만이 남아. 이론상 가루 형태의 리사를 여러 해 동안 보관하다가 지구로 가져와서 유족에게 전달할 수 있어. 화장한 재를 담은 봉안함을 유족에게 전달하는 것과 같아. 훨씬 더 무겁겠지만.

아니야, 리사를 우주에 놔두어야 해

리사의 몸이 꼭 지구로 돌아와야 할 이유가 있을까? 이미 1만 2,000달러가 넘는 비용을 들여서 자신을 화장한 재의 일부나 DNA를 담은 아주 작은 통을 지구 궤도나 달 표면, 또는 깊은 우주로 보내는 사람들이 있어. 자신이 우주로 갔다는 것을 나타내는 상징이지. 죽은 뒤 시신을 통째로 우주로 보낼 기회가 있다면, 우주에 열광하는 이들이 어떻게 할지 짐작할 수 있겠지?

아무튼 예전에는 뱃사람과 탐험가의 시신을 배 옆으로 밀어 내어 물속으로 수장하는 것이 경의를 표하는 장례 풍습이었어. 선박의 냉동과 보존 기술이 발전한 지금도 이 풍습은 계속되고 있어. 따라서 우리는 로봇 팔로 우주 시신을 산산조각 내어 냉동 건조하는 기술도 보유하고 있긴 하지만, 더 단순한 방법을 쓸 수도 있지 않을까? 그냥 리사 박사를 시신낭에 넣어서 우주 유영으로 태양 전지를 지나 떠다니게 놔두는 것 말이야.

우주는 드넓고 자유로운 공간처럼 보이지? 리사 박사는 영원히 텅 빈 공간 속으로 떠나가지 않을까? 우리는 그렇게 상상하길 좋아하지만(내가 예전에 비행기에서 본 우주 영화 「그래비티」에 나오는 조지 클루니처럼), 리사는 우주 정거장과 같은 궤도를 내내 따라서 돌 가능성이 더 높아. 그러면 우주 쓰레기 중 하나가 되고 말겠지. 유엔은 우주에 쓰레기가 쌓이는 것을 막기 위한 지침을 마련했어. 그러나 이런 지침이 리사 박사의 몸에 적용될지는 의심스러워. 그리고 영웅인 리사가 쓰레기라고 불리는 것은 누구도 원치 않을 거야!

인류는 예전에도 이 문제로 고심했지만, 좋은 결과를 얻지 못했어. 해발 8,848미터 높이의 에베레스트산 꼭대기에 오를 수 있는 길은 몇 군데 안 돼. 그 고도에서 누군가가 죽었을 때(지금까지 거의 300명이 사망했어), 매장이나 화장을 위해 시신을 들고 내려오려고 시도하다가는 다른 사람까지 위험해져. 그래서 에베레스트산을 오르는 등반길에는 시신들이 여기저기 흩어져 있어. 해마다 새 등반가들은 부푼 오렌지색 방한복 차림에 거의 해골이 된 얼굴을 드러낸 동료들을 밟고 지나가야 해. 우주에서도 같은 일이 일어날지 모르지. 화성으로 가는 우주선은 궤도를 도는 시신들 곁을 지나가야 할지도 몰라. "어, 리사를 또 보네."

행성의 중력으로 리사가 이윽고 끌려 내려갈 수도 있어. 그런 일이 일어나면, 리사는 대기에서 무료로 화장되는 셈일 거야. 대기와 마찰이 일어나면서 몸의 조직은 과열되다가 이윽고 타오르겠지. 리사의 시신을 탈출정 같은 추진 장치를 갖춘 작은 우주선에 실어 우주로 쏘았다면, 우리 태양계를 벗어나고 광활한 텅 빈 공간도 가로질러서 어떤 외계 행성에 다다를 가능성도 아주아주 조금은 있어. 그곳에 어떤 대기가 있든 그 대기를 뚫고 들어가 지상에 충돌하면서 탈출정이 부서진다면, 리사의 몸에 있던 미생물과 세균 포자가 새 행성에서 생명을 번식시킬 가능성도 아주아주아주 조금은 있겠지? 리사에게는 최고의 영예일 거야! 지구의 생명도 그런 식으로 외계인 리사로부터 출현했을지 누가 알겠어? 지구 최초의 생물이 출현한 '원시 웅덩이'가 그저 리사가 썩어서 생긴 부패물이었을지도 모르지. 리사 박사님, 고마워요.

부모님이 돌아가시면 머리뼈를 보관할 수 있을까?

흠, 이런 질문은 오래전부터 있었어. "내 친척 머리뼈를 가져도 돼요?" 내가 이 질문을 얼마나 많이 듣는지 알면 놀랄 거야(아니, 놀라지 않을지도 모르겠네).

대답하기 전에, 잠깐. 그 머리뼈로 정확히 뭘 하려는 거지? 책장에 올려놓겠다고? 크리스마스트리를 기괴하게 장식하겠다고? 무엇을 할 생각인지 몰라도 명심해. 진짜 머리뼈는 하찮은 핼러윈 장식물이 아니라는 거야. 원래 사람의 일부였으니까. 하지만 자신의 의도가 좋은 쪽이라고 생각한다면, 아빠의 머리뼈를 책상 위에 놓인 사탕 통으로 쓰기 위해 먼저 처리해야 할 일이 세 가지 있어. 서류 작업, 법이 정한 방역 작업, 골격화야.

우선 서류 작업을 해야 해. 친척의 뼈를 집에 전시하겠다고 법적 허가를 받기란 매우 어려워. 원칙적으로 사람은 자신이 죽은 뒤에 시신이 어떻게 처리될지를 미리 결정할 수 있어. 그러니까 원칙적으로는 부모님이 자기가 죽은 뒤에 머리뼈가 책장에 전시되기를 원한다고 명확하게 적고서 서명하고 날짜까지 써서 유언장을 작성할 수도 있지. 시신을 의학 연구용으로 기증한다고 서약서를 작성하는 것과 비슷할 수도 있어.

일이 잘 풀리지 않는다면 어떻게 될지 상상해 볼까? 너는 장례식장 관리소를 찾아가서 이렇게 말할 거야. "안녕하세요! 저기 우리 엄마 시신이 있어요. 머리만 떼어서 살을 발라낼 수 있나요? 그러면 감사하겠습니다!" 보통 화장장은 법적으로나 현실적으로나 그런 요청을 받아들일 수가 없어. 장례 지도사 입장에서 솔직히 말하자면, 나는 어떤 도구로 목을 잘라야 할지도 전혀 알지 못해. 살을 발라내는 일은 더욱더 내 능력 범위를 넘어서. 삶거나 수시렁이를 쓸 수도 있다고 보지만, 장례 지도 학과에서 가르치는 내용에는 없어.

이 대목에서 편집자가 내게 이렇게 쪽지를 적어 주었어. "공정하게 평가하자면, 살을 발라내는 방법을 사실상 한두 가지는 아는 거네요." 맞아, 그렇긴 해. 사람을 대상으로 해 본 적은 없지만, 나는 수시렁이 애호가야. 이 딱정벌레는 놀라운 동물이야. 박물관이나 법의학 연구실에서 뼈를 손상시키지 않으면서 뼈대에서 죽은 살만 제거하는 데 쓰여. 수시렁이는 섬뜩하게 썩어 가는 끈적거리는 살덩어리 위를 신나게 돌아다니면서 가장 작은 뼈에 붙은 살점까지도 하나하나 다 뜯어 먹어. 하지만 박물관에 갔다가 우연히 수시렁이가 득실거리는 통에 빠졌다고 해도 걱정 말기를. '살을 파먹는' 딱정벌레이긴 하지만, 살아 있는 살에는 전혀 관심이 없으니까.

엄마의 머리 이야기로 돌아가 볼까. 설령 내가 머리를 떼어낼 수 있다고 해도, 우리 장례식장은 법적으로 떼어 낸 머리를 건네줄 수가 없어. 그 이유는 이 책에 여러 번 나와. 바로 시신 훼손 금지법 때문이야. 이런 법은 미국의 지역마다 다르며, 때로 기준이 좀 제멋대로인 것처럼 보일 수도 있어. 예를 들어, 켄터키주 법에는 "평범한 가족의 감수성에 충격을 줄" 방식으로 시신을 다루면 시신 훼손을 저지르는 것이라고 적혀 있어. 그런데 "평범한 가족"이란 무슨 뜻일까? 자신이 죽으면 그동안 수집한 분젠 버너와 머리뼈 표본들을 유산으로 남기겠다고 늘 약속하는 과학자를 아빠로 둔 가정은 "평범한 가족"일까? 평범한 가족 같은 것은 없어.

그러나 시신 훼손 금지법이 있는 이유가 있어. 시신이 부당하게 취급받는 것(시체 성애증 같은)을 막기 위해서야. 또 사망자의 동의 없이 시신을 영안실에서 몰래 빼내 연구에 쓰거나 공개 전시를 하는 것도 막아 줘. 역사적으로 그런 일들이 얼마나 흔했는지를 알면 놀랄 거야. 의사들은 해부와 연구를 위해 시신을 훔치고 심지어 갓 만든 무덤을 파헤치기도 했어. 얼굴뿐 아니라 온몸에 털이 자라는 털 과다증이 있던 19세기 멕시코 여성 훌리아 파

스트라나의 사례는 유명해. 훌리아가 사망하자 남편은 시신을 방부 처리하고 박제해 세계 순회 전시를 했어. 그는 아내의 시신을 기형 쇼에서 전시하면 돈을 벌겠다고 생각했고, 그때부터 훌리아는 더 이상 인간 대접을 받지 못했어. 남편의 소유물이 되었지.

시신 훼손 금지법 덕분에 이제는 누구의 시신도 소유물이라고 주장할 수 없어. '찾은 사람이 임자'라는 주장은 적용되지 않아. 하지만 안타깝게도 바로 그 법률은 엄마의 머리뼈를 책장에 장식하는 것도 금지해.

"잠깐만요, 책장에 사람 머리뼈가 있는 걸 본 적이 있는데요? 어떻게 구한 거죠?" 미국에는 사람의 유해를 소유하거나 사거나 파는 행위를 금지하는 연방 법률이 없어. 아메리카 원주민의 유해는 예외이며, 그들의 유해를 거래하면 처벌을 받아(당연히 그래야 해). 그 밖의 유해는 거래하거나 소유할 수 있는지를 각 주별로 법으로 정하고 있어. 적어도 38개 주가 사람의 유해를 거래하는 행위를 금지하지만, 실제로는 법이 모호하고 혼란스러우며 집행도 제멋대로야.

2012~2013년에 7개월 동안 지켜보았더니, 이베이에 팔겠다고 올라온 사람 머리뼈가 454점이었고, 첫 입찰 가격은 평균 648.63달러였어(그 뒤에 이베이는 머리뼈 거래를 금지했어). 개인이 팔겠다고 올린 머리뼈 중 상당수는 출처가 불분명했어. 뼈 거래가 활발한 인도와 중국에서 오는 것이라서야. 화장이나 매장을 할 돈

이 없는 사람들에게서 얻은 뼈지. 즉 윤리적으로 옳은 방법으로 얻은 것이라고 장담할 수가 없어. 이런 대담한 판매자들은 사람 뼈가 아니라고 말하면서 실제로는 사람 뼈를 팔아. 미국의 각 주들은 대부분 '유해' 판매를 금지하지만, 이들은 뼈를 파는 것이 합법이며 자신들이 법을 충실히 지킨다고 말할 거야.

(그들이 파는 것은 사실 유해야.)

그러니까 확실히 말하면 이래. 엄마의 시신을 소유할 수는 없어. 하지만 인터넷에서 수상쩍은 거래를 할 의향이 있다면, 인도에 살던 누군가의 넙다리뼈가 집으로 배송될 수는 있지.

아빠의 머리뼈를 간직하겠다는 요청을 둘러싼 애매모호한 법적 논쟁을 잘 이용해서 법의 허점을 찾아낸다고 해도, 여전히 큰 문제가 남아 있어. 현재 미국에서는 인간 유해를 개인이 소유하기 위해 골격화할 방법이 없다는 거야. 골격화는 살을 발라내고 뼈만 남기는 것을 말해. 대개 골격화는 시신을 과학 연구를 위해 기증할 때만 가능해. 그럴 때에도 완전히 합법적인 것은 아니야(당국은 박물관과 대학을 위해 그냥 못 본 척할 뿐이지). 그러나 어떤 상황에서든 아빠를 골격화하고 머리를 떼어 내서 추수 감사절 식탁 한가운데에 장식용으로 놓을 수는 없어.

나는 인간 유해 관련 법률이 전공인 법학 교수 타냐 마시와 이야기를 나누었어. 내 친구인 타냐는 이 문제에 전문가야. 법적으로 빠져나갈 구멍이 있어서 개인이 아빠의 머리를 떼어 내

살을 발라서 장식용으로 쓸 수도 있지 않을까? 타냐는 찾아낼 방법을 알고 있지 않을까?

> **나:** 그럴 방법이 있느냐는 질문을 계속 받아. 있지 않을까?
>
> **타냐:** 미국 어떤 주에서도 사람 머리를 뼈만 남기는 것이 불법이라는 논증을 온종일 펼칠 수 있어.
>
> **나:** 하지만 과학 연구용으로 기증된 시신을 나중에 다시 유족에게 기증한다면…….
>
> **타냐:** 안 돼.

모든 주에서 장례식장은 매장 및 운구 허가서라는 것을 받아. 시신을 어떻게 처리할지를 당국에 알리는 서류야. 대개 매장, 화장, 과학용 기증을 선택할 수 있어. 그게 다야. 단 세 가지뿐이야. '머리를 잘라서 살을 발라내어 머리뼈를 남기고, 나머지 부위는 화장한다' 같은 선택지는 없어. 그와 비슷한 것조차 없어.

타냐는 한 주의 법이 깨알같이 적힌 인쇄물을 읽어 보라고 했어.

> …… 묘지 이외의 장소에 사람 유해를 묻거나 버리는 사람은 경범죄를 저지르는 것이다.

다시 말해, 아빠 머리뼈는 묘지에 있어야 하고, 묘지가 아닌 집 앞마당 같은 곳에 두면 범죄를 저지르는 행위라는 뜻이야.

그나마 한 줄기 희망을 주자면, 이 글을 쓰고 있는 현재 법이 바뀌고 있다는 사실이야. 현재 인간의 뼈(엄마 뼈든 다른 사람 뼈든 간에)를 소유하는 일은 모호하고 불분명한 영역에 속해. 아마 언젠가는 네가 원하는 쪽으로 법이 바뀔지도 모르지. 그러면 너는 부모의 뼈대에서 살을 발라내는 일을 전문으로 하는 엄마 머리뼈 회사를 차릴 수도 있어.

그것이 네(그리고 네 부모님!)가 원하는 것이라면, 나는 그런 일이 일어날 수 있기를 바라. 모든 시도가 실패한다면, 화장하여 재를 압축해 다이아몬드나 레코드판으로 만들 수도 있어.

얘들아, 레코드판이 뭐냐면…… 아냐, 몰라도 돼.

죽은 뒤에 몸이 스스로 일어나거나 말을 할까?

언젠가는 죽을 여러분, 더 가까이 모여 봐요. 이 이야기를 하면 장례 지도사들의 비밀 위원회가 내게 몹시 화를 낼 테니까, 쉬. 어느 날 밤이었어. 장례식장에서 밤늦게 홀로 일하고 있었지. 영안실 탁자에 40대 남성 시신이 누워 있었고, 그 위에 흰 천을 덮어 두었어. 막 전등을 끄려고 하는데 갑자기 시신에서 섬뜩한 신음 소리가 들리는 거야. 그러더니 남자가 벌떡 일어섰어. 마치 드라큘라가 관에서 일어나는 것처럼…….

여기까지만! 사실 그런 일은 없었어. 꾸며 낸 거야. (밤늦게까지 일한다는 것만 빼고.) 그러나 영안실이나 장례식장이라는 말이 나오면, 이 이야기나 이와 비슷한 이야기들을 으레 듣고 싶어 하지 않겠어? 이런 일화는 대개 '내 남편의 사촌 조카'가 1980년대에 장례식장에서 일했는데 시신이 벌떡 일어나는 것을 보았다고 했대, 하는 식으로 시작돼. 언론 기사나 게시판에서 "장례 지도사가 알고 싶어 하지 않는 으스스한 이야기" 같은 제목의 이야기를 얼마든지 찾아볼 수 있어.

그런데 죽은 시신이 움직인다는 말은 어디까지가 사실인 걸까?

네 몸이 죽음의 힘으로 벌떡 일어나는 일은 없을 거야. 공포 영화와는 달라. 죽은 몸은 비명을 지르지도, 일어나지도, 네 머리카락을 움켜쥐고서 지옥으로 끌고 들어가지도 못해(솔직히 말하면, 나도 장례식장에서 처음 일을 시작했을 때는 막연히 그런 근거 없는 두려움을 좀 품고 있었어).

그러나 네 시신이 영화에서처럼 "나 일어섰다!" 하면서 나다니지 않는다고 해서, 시신이 씰룩거리고 경련하고 신음하는 것까지 아예 못 한다는 뜻은 아니야. 시신이 씰룩거린다니, 몹시 섬뜩하다고? 이해해. 하지만 그런 일이 왜, 어떻게 일어나는지는 생물학적으로 쉽게 설명할 수 있어.

사람이 죽은 직후에는 신경계가 아직 활동하고 있을 수 있어. 그래서 몸이 살짝 씰룩하거나 경련을 일으킬 수 있지. 이런 경련은 죽은 후 몇 분 동안 일어나지만, 열두 시간 뒤까지 관찰되기도 해. 신음 소리는? 최근에 죽은 사람을 운반할 때면 숨길에 갇혀 있던 공기가 밖으로 밀려 나올 수 있어. 그럴 때 으스스한 신음 소리가 들리기도 해. 간호사들 대부분이 이런 일들을 겪곤 하지. 그래서 사망 선고가 내려진 뒤에 씰룩거림, 움직임, 신음 소리 같은 것을 접하면 그들은 "맙소사, 살아 있어, 살아 있어요오오!"라고 소리치는 대신에 차분하게 대처해.

또 네 몸은 죽어 가는 신경계와 전혀 무관한 소리도 낼 수 있어. 죽으면 네 창자에서는 신나는 잔치가 열려. 수십억 마리의 세균이 창자를 먹어 치우면서 불어나서 이윽고 간, 심장, 뇌까지 퍼지지. 이런 잔치에는 당연히 쓰레기가 나와. 이 무수한 세균들은 메탄과 암모니아 같은 기체를 뿜어내. 그래서 위장이 부풀어. 부푼다는 것은 내부 압력이 증가한다는 거야. 압력이 충분히 커지면 지독한 냄새를 풍기는 액체나 기체가 밖으로 새어 나올 수 있어. 그럴 때 쉬이이익 하고 으스스한 소리가 나기도 해. 걱정 마. 무시무시한 유령이 시신 주위를 맴도는 것이 아니야. 그냥 세균이 방귀 뀌는 소리지.

수 세기 동안 사람들은 시신이 신음 소리를 낸다는 사실에 흥미를 느꼈어. 세균의 방귀와 신경계를 알기 전, 그리고 죽음을 더 명확하게 과학적으로 정의하기 전까지 사람들은 산 채로 묻히진 않을까 하는 두려움을 갖고 있었어. 시신이 씰룩거리고 신음 소리를 내니까 아직 덜 죽은 것처럼 보였거든.

1700년대 말 독일 의사들은 사람이 진짜 죽었는지를 알려면 시신이 썩기 시작할 때까지 기다리는 수밖에 방법이 없다고 믿었어. 탱탱 붓고, 악취가 날 때까지 말이야. 그래서 시신 대기실

(Leichenhaus)이 설치되었지. 이곳에서는 사망했다는 것을 모두가 100퍼센트 확신할 수 있을 때까지 불을 때서 가열하는 방에 시신을 걸어 두었어(열을 가하면 부패가 더 빨리 돼). 시신이 신음하거나 일어서거나 화장실에 가고 싶다고 할 때를 대비해서 젊은 남자 직원이 늘 방을 지켜보고 있었어. 시신에 종을 달기도 했어. 움직이면 종이 울려서 직원이 알아차릴 수 있도록 말이야. 사실상 그는 끔찍한 악취를 풍기는 시신들이 가득한 조용한 방에 앉아 있었던 거야.

뮌헨의 시신 대기실은 요금을 받고 안을 구경하게 해 주었어. 사람들은 시신 사이를 걸어 다니면서 구경했지. 시신의 손가락과 발가락에 끈을 묶어서 "여기 봐, 나 살아 있어!" 하는 경보 시스템도 만들었어. 끈은 하모늄(공기를 불어서 소리를 내는 오르간의 일종)에 연결했지. 어떤 움직임이든 발생하면 악기에서 소리가 나고, 그러면 시신이 움직이고 있다는 사실을 직원이 알게 되는 거였지. 이 시스템은 잘 작동했어. 문제는 그런 움직임이 썩어 가는 시신이 부풀고 터지면서 일어났다는 거지. 소름 끼치게도 직원은 한밤중에 음도 안 맞는 으스스한 선율이 울려 퍼지는 방에서 깨곤 했어.

시신 대기실은 1800년대 말쯤에는 거의 다 문을 닫았어. 폰 스토이델이라는 의사는 100만 구가 넘는 시신이 이런 대기실을 거쳐 갔지만, 깨어난 시신은 단 한 구도 없었다고 했어.

자, 이제 네가 한 질문에 답할 차례야. 그래, 시신은 스스로 움직일 수 있어. 하지만 아주 조금 움직일 뿐이고, 과학으로 설명할 수 있어! 유령 때문이 아니야. 악마 때문도 아니야. 좀비여서도 아니야. 어쨌든 오늘날에는 시신 대기실에서 일할 필요가 없다는 것만으로도 기쁘지 않아?

개를 뒤뜰에 묻어 주었어. 지금 파 보면 어떨까?

단풍나무 밑에 묻은 개를 부활시키고 싶은 이유는 많을 거야. 사람을 묻었을 때와 부패가 어떻게 달리 진행되는지를 살피기 위해 강아지 묻은 곳을 파 보는 것을 막는 법은 없어. (주의: 사람 묘지에서 불법 발굴, 즉 허가 없이 무덤을 파헤치는 것은 묘지 모독 행위라고 여겨져. 나는 네가 이런 주장을 하는 것을 듣고 싶지 않아. "케이틀린이 할머니 시신에 무슨 일이 일어나는지 알아보라고 했어요.")

사람들이 반려동물의 무덤을 파헤치는 가장 흔한 이유는 이사 때문이야. 페키니즈 그라울러를 차마 두고 갈 수가 없어서지. 그리고 새로 이사한 사람들이 그라울러가 묻혔다는 것을 모른 채 수영장을 만들겠다고 뒤뜰을 파다가 뼈를 그냥 쓰레기통에 버리는 것을 원치 않기 때문이기도 해. 하지만 묻은 지 8개월 뒤에 그라울러가 어떤 모습일지를 보고 싶다는 결벽증 때문일 수도 있지. 집에 와서 그라울러를 파내어 화장한 뒤, 재를 담아 주는 회사도 있어. 그라울러는 이제 뼈 모양의 봉안함에 담겨 새집으로 이사할 준비가 된 거야.

파냈을 때 그라울러가 어떤 모습일지는 아주 많은 요인에 달려 있어서, 어떻다고 추측하기조차 거의 불가능해. 호주의 한 반려동물 발굴 전문가는 이런 경험 법칙을 내놓았어. "15년이 지난 뒤에 파내면 뼈를 찾는 것이라고 할 수 있고, 1~3년 뒤에 파내면 원래 모습에 좀 더 가깝고 냄새가 날 것이라고 보면 된다." 하지만 이 시간표에 영향을 미치는 요인들은 많아. 묻힌 지 얼마나 오래되었지? 관에 넣어서 묻었어, 아니면 그냥 흙에 묻었어? 묻힌 곳이 어디지? 열대 우림이야, 사막이야, 교외 풀밭이야? 정보가 더 필요해!

또 얼마나 깊이 묻었지? 단풍나무 아래에 깊이 묻을수록 부패는 더 느리게 일어날 거야. 깊이 묻을수록 부패 과정을 촉진하는 산소, 미생물 등에서부터 더 멀어지게 되거든.

그라울러가 묻힌 흙은 어떤 종류지? 어떤 흙인지가 그라울러가 지금 어떤 모습일지를 결정하는 가장 큰 요인일 수 있어. 응? 흙이 "그냥 다…… 더러운 거" 아니냐고? 아니야, 흙은 무지개의 색깔만큼 다양해.

이집트 흙은 모래흙이야. 모래흙에서는 뼈가 아주 잘 보존될 수 있어. 그리고 이집트는 아주 더워. 이렇게 메마르고 뜨거운 흙에서 그라울러의 사체는 탈수가 일어나서 미라가 될 수 있어. 타는 듯이 뜨거운 모래에서는 피부가 아주 빨리 딱딱하게 말라붙어서 곤충조차 파먹고 들어갈 수가 없게 돼. 동물 미라는 생각하는 것보다 훨씬 많아. 2016년 가자 지구의 한 동물원은 전쟁과 이스라엘의 봉쇄 조치 때문에 버려졌어. 동물들은 하나둘 숨을 거두었고, 메마르고 뜨거운 공기에 미라가 되었어. 이 유령 동물원을 찍은 사진에는 으스스한 모습으로 보존된 사자, 호랑이, 하이에나, 원숭이, 악어의 미라들이 보여.

수백 년 전 유럽 사람들은 마법을 무척 두려워했어. 그래서 집 벽 속에 고양이를 가두어 놓곤 했어. 고양이가 초자연적인 위협을 막아 줄 것이라고 믿었지. 지금도 옛날 집을 고치거나 새로 짓기 위해 부술 때면 벽에서 고양이 사체가 발견되곤 해. 영국의 한 골동품 상점에 어느 손님이 상자를 하나 들고 왔어. 안에는 300년 넘은 고양이와 쥐 미라가 들어 있었어. 웨일스의 시골집 벽에서 발견했는데, 팔겠다고 가져온 거였지. 그러니 조건이 딱 들어맞는다면, 그라울러도 미라가 됐을지 몰라.

1980년대에 조지아주에서 발견된 스터키라는 개가 그랬어. 스터키는 다람쥐를 쫓아서 속이 빈 나무 안을 기어오른 사냥개였던 것 같아. 그런데 기어오르다 보니 공간이 점점 좁아졌고 결국 몸이 꽉 끼고 말았어. 어떻게 되었을지 짐작할 수 있겠지? 여러 해가 흐른 뒤 벌목공들이 미라가 된 스터키를 발견했어. 눈알이 사라지고 이빨을 드러낸 모습이었어. 발톱은 그대로 남아 있었어. 미라가 된 얇은 털가죽 아래로 뼈 윤곽이 고스란히 보였지. 원래 조지아주 숲에서는 동물이 죽으면 금방 썩어. 그런데 스터키의 사체를 먹겠다고 나무 안으로 들어온 동물이 없었고, 나무의 줄기와 타닌이 피부에서 수분을 빨아들이는 바람에 영구히 미라로 남게 된 거야.

스터키는 드문 사례야. 뒤뜰에서 그라울러 미라를 발견하진 않을까 기대할 수도 있겠지만, 흔적도 없이 사라졌을 가능성이 더 높아. 식물을 기르기에 좋은 흙은 롬이야. 실트, 모래, 점토가 고루 섞인 흙이지. 롬은 동물을 썩히는 데에도 이상적인 흙이야. 그라울러가 기온이 높은 여름에 수분, 산소, 미생물이 알맞게 들어 있는 흙에 얕게 묻혔다면, 롬은 그라울러의 부드럽고 끈적거리는 조직, 피부, 장기 심지어 뼈까지도 다 분해할 수 있어!

네가 고른 흙의 위치와 깊이가 개(또는 햄스터, 흰담비족제비, 거북)의 사후 운명을 결정할 거야. 개가 뜰의 일부가 되기를 바라니? 그렇다면 얕게 묻거나 기름진 흙에 묻어. 그럴 때 빠르고 완전하게 분해될 가능성이 가장 높아지니까. 더 오래 남기를 바란다면, 비닐로 잘 감싼 뒤 상자에 넣고 밀봉한 다음 깊숙이 묻어. 그라울러가 아주 오랫동안 계속 곁에 남아 있기를 바란다면 박제를 추천하고 싶은데, 어때?

선사 시대 곤충처럼 내 시신을 호박에 보존할 수 있을까?

와, 정말 환상적인 질문이야. 넌 정말로 죽음 분야에 혁신을 일으킬 재능이 있어. 누구든지 그렇게 미래의 우리 사체에 새로운 가능성을 열어 주어야 해. 얘들아, 이따금 모여서 기발한 착상들을 떠올리고 이야기하자.

시신을 호박으로 감싼다니, 정말로 좋은 생각 같아. 반질반질한 오렌지색 호박 안에 온전한 모습 그대로 갇힌 곤충의 사진을 본 적이 있을 거야. 그런 곤충은 다른 시대에서 온 우편물이야. 나뭇진으로 만든 타임머신이지. 애초에 어떻게 갇히게 되었을지 생각해 볼까? 나무는 나뭇진(수지)을 만들어. 나무껍질에서 배어 나는 아주 끈적거리는 물질이지. 손에 묻으면 일곱 번이나 씻어도 남아 있을 만큼 닦아 내기가 정말로 어려워. 나무는 해를 끼칠지도 모를 다양한 곤충 같은 동물로부터 자신을 지키는 데 나뭇진을 써. 9,900만 년 전에 고대 개미가 나무를 기어오르다가 나뭇진에 달라붙었다고 해. 그 덫은 제대로 작동한 거지. 개미를 가두었으니까. 곧 더 많은 진이 개미를 뒤덮으면서 굳게 돼. 대개 나뭇진은 시간이 흐르면서 바람, 비, 햇빛, 세균에 분해되어 사라져. 갇혔던 개미 씨께서도 함께 사라지겠지. 하지만 아주 드물게 나뭇진이 잘 보전되기도 해. 그렇게 수백만 년에 걸쳐 굳어서 화석이 된 것이 바로 호박이야.

호박에 보존된 상태로 발견된 놀라운 화석을 몇 가지만 골라 볼까? 멕시코의 한 농부가 캐낸 약 2,000만 년 된 전갈 수컷, 캐나다에서 발견된 약 7,500만 년 된 공룡 깃털, 도미니카 공화국에서 발견된 1,700만 년 된 아놀 도마뱀, 좌우로 약 180도 돌릴 수 있는(지금의 곤충은 전혀 할 수 없는) 삼각형 머리를 지닌 약 1억 년 된 멸종한 곤충, 말벌을 공격하려는 상태로 굳은 약 1억 년 된 거미가 든 호박도 있어.

이 모든 생물은 오래전에 나뭇진에 갇혀서 보존된 거야. 그렇다면 당연히 이런 질문이 나오겠지? 나도 가능하지 않을까? 네가 죽으면(산 채로 나뭇진에 갇힐 필요는 전혀 없어. 그건 좀 섬뜩하잖아. 죽은 뒤에도 괜찮아) 이론상 나뭇진으로 너를 감쌀 수 있어. 거미와 말벌이 싸우는 장면처럼 네가 표범 같은 맹수와 싸우는 모습을 취하게 할 수 있을 거야. 그런 뒤에 나뭇진으로 감싼 너와 표범을 온도 조절이 되는 방에 넣고서, 열과 압력을 가해 단계적으로 화학적 변화를 일으키는 거야. 모든 일이 잘되면 수백만 년 뒤에 나뭇진은 호박이 될 거야. 적어도 수백만 년은 걸리리라고 생각해. 나뭇진이 호박으로 바뀌는 데 얼마나 오래 걸릴지 아무도 확실히 모르거든. 아마 미래의 어떤 지성체가 너를 발견하고서 이렇게 말할지도 모르지. "와, 여기 봐. 호박에 끝내주는 인간이 들어 있어." 그 지성체는 너를 책상 위에 놓고 문진*으로 쓸지도 몰라.

너는 호박에 보존된 사람이야. 그런데 알아야 할 점이 하나 있어. 현재의 과학으로는 화석이 된 네 몸을 써서 할 수 없는 일도 있다는 거야. 바로 너를 복제할 수 없다는 거지. 이 말을 왜 하느냐면, 네가 너를 호박에 가둘 수 있는지 물었을 때 왠지 수상했거든. 「쥐라기 공원」에서처럼 '부활할 방법'을 꿈꾸는 것이 아닐까 하고. 미래의 누군가가 호박에서 네 DNA를 추출해서 복제하여 '너 2.0'판을 만들지 않을까 하는 기대를 품고 있니?

「쥐라기 공원」의 배경이 된 이런 개념은 책에 이어서 대성공을 거둔 영화를 통해 널리 알려지기 전부터 이미 있었어. 1980년대에 몇몇 과학자들의 사고 실험으로 시작됐지. 그들은 호박에 갇힌 고대 모기를 보면서 생각했어. '이 모기가 죽기 전에 티라노사우루스 렉스의 피를 빨아 먹었다면? 배불리 먹은 모기가 쉬기 위해 나무에 앉았다가 나뭇진에 갇혔고, 호박 속에 보존되었

* 종이가 바람에 날리지 않도록 눌러놓는 무거운 물건. — 옮긴이

다면? 모기 배 속에서 그 고대 공룡의 피를 추출하여 유전 암호를 분석하면 T. 렉스를 부활시킬 수 있지 않을까?' 나도 인정해. 아주 대단한 구상이야. 그리고 어느 면에서 호박은 죽은 유기물을 보존하는 환상적인 능력을 지니고 있어. 무엇보다도 호박은 아주아주 건조해. 사막 같은 건조한 환경은 보존에 이상적인 곳이야. 그렇다면 호박에 완벽하게 보존된 생물에서 DNA를 추출하지 못할 이유가 없지 않겠어?

그러나 현대 과학자들 대부분은 호박에 갇힌 동물에서 유용한 DNA를 얻기가 어렵다고 보고 있어. DNA는 너무 빨리 분해되거든. 유전 암호를 이루는 퍼즐 조각들은 산소 농도 변화, 온도 변화, 습도 변화로 산산이 떨어져 나가. 엉망진창이 되는 거지. 설령 네 DNA를 일부 추출했다고 해도, 다른 사람이나 생물의 DNA로 빠진 조각을 채워 넣어야 해. 예를 들어, 하버드 대학교 연구진은 멸종한 털 매머드에서 유전자를 추출해서 '잘라 붙이기' 기법으로 코끼리 세포에 집어넣으려 하고 있어. 이 방법이 먹힌다면, 매머드가 아니라 매머드-코끼리 잡종이 나올 거야. 싸우는 자세로 함께 갇힌 표범과 네 유전자가 섞일 수도 있어. 그러면 미래에 표범-인간 잡종이 나오는 거지! (물론 내 상상이야. 너무 진지하게 받아들이지는 말렴. 나는 장례 지도사란다.)

여기서 너는 자신에게 뭐가 더 중요한지 판단해야 해. 수백만 년 동안 잘 보존되었다가 이윽고 장식품으로 쓰이기를 바라니? 그렇다면 나뭇진으로 뒤덮이는 것이 좋은 선택일 수도 있어. 하지만 먼 미래에 복제될 수 있도록 DNA를 보존하고 싶다면, 다른 방법을 쓰는 게 나을 수도 있어. 바로 냉동 보존술이야. 죽을 때 영하 약 190도의 액체 질소에 세포를 얼려 두는 거야. 과학자들은 냉동한 세포를 이용해 생쥐와 소를 복제하는 데 성공했거든.

어쩌면 네가 원하는 것이 「쥐라기 공원」보다 「스타워즈」에 더 가까울 수도 있어. 그 영화에서 주요 인물인 한 솔로는 '탄소 냉동' 기술을 통해 고체 상태로 딱딱하게 얼어붙어. 실제로 가능할지는 미심쩍지만 너의 세포를 얼린다는 목표에는 더 가까울 거야. 물론 냉동한 몸을 미래에 되살릴 수 있다는 증거는 전혀 없어. 하지만 복제하기 위해 세포를 보존하는 것은? 가능할 수도 있지. 여기서 주의할 점 또 하나. 많은 돈을 들여서 만든 영화에는 온갖 정교한 신체 보존 기술이 등장해. 우연의 일치일까? 내가 볼 때는 아니야. 사람들은 멋진 시체 보존 기술을 좋아해. (「겨울왕국」에는 사실 그런 내용이 없지만, 나는 엘사가 우수한 냉동 보존 기술을 숨기고 있을 것 같은 느낌이 들어.)

따라서 너는 결코 복제되지 못할 수도 있어. 그러나 공룡(또는 콰가 얼룩말, 털 매머드, 여행 비둘기)과 달리 인간이 지금 당장 멸종할 것 같지는 않아. 지구에는 지금 78억 명이 살아. 그리고 더 늘고 있지. 앞으로 50년 동안은 우리 인류가 멸종시켰거나 멸종 위기로 내몬 동물을 되살릴 책임이 있느냐는 쪽으로 논의가 더

집중될 가능성이 높아. 그러나 앞으로 100만 년 뒤에는 인류를 되살릴지 여부가 논의의 중심이 될 수도 있지. 그럴 때 운 좋게 보존된 인간이 호박에 갇힌 너 혼자일 수도 있지 않을까?

100만 년 뒤의 지구…
헉, 박사님!
멸종된 인간을 발견했어요!

내 평생을 바친
인간 연구가 드디어!
미래 생명체들

후후, DNA를 추출하면
인간을 다시 만들 수 있을 걸세.
미래 현미경

여기 뭔가
쓰여 있는데요?
유언

유언
나는 유일무이한
존재로 살다 간다
사후 복제 및 재생산 금지

…

죽을 때 왜 몸 색깔이 변하는 거지?

죽은 몸은 온갖 색깔 변화를 보여 줘. 내가 시신에서 좋아하는 점 중 하나가 바로 그 부분이야. 네가 죽었다고 해서, 네 몸속에서 생명 활동이 다 끝났다는 의미는 아니야(여기서 '너'는 제시카나 마리아, 제프일 수도 있어). 피, 세균, 체액은 아직 움직이고 있지. 숙주가 죽었기에 반응하고 변화하고 적응하고 있거든. 그리고 그런 변화는 몸 색깔도 변한다는 의미야.

죽은 뒤에 맨 처음 나타나는 색깔은 피와 관련이 있어. 사람이 살아 있을 때에는 피가 온몸을 돌아. 지금 손톱을 한번 봐. 분홍색이지? 심장이 온몸으로 피를 뿜어내고 있다는 뜻이야. 축하해, 너는 살아 있어! 나는 네가 매니큐어를 칠하지 않아도 되기를 바라. 내 손톱은 지금 정말로 엉망이야. 뭐, 중요한 이야기는 아니니까…… 그냥 넘어가자.

죽은 직후 몇 시간 동안은 몸이 더 창백해 보일 거야. 입술과 손톱 같은 곳이 더 그래. 건강한 분홍색이 사라지고 색깔이 없이 창백해지지. 피부 바로 밑에서 흐르던 피가 중력 때문에 아래로 가라앉기 시작해서야. 창백한 시신이 유령 같다고? 그냥 피부 조직에서 피가 빠져나가서 그런 것일 뿐이야.

이때쯤 눈알도 색깔이 바뀐 것을 알아차리게 될 거야. 시신의 눈을 감기려면 네 도움이 필요할지도 몰라. 우리 장례식장에서는 사망한 직후에 유족에게 그렇게 하라고 권해. 사망한 지 30분쯤 지나면 홍채와 눈동자는 뿌옇게 흐려져. 각막 아래에 체액이 고여서 으스스한 작은 늪처럼 변하기 때문이야. 여기서 좀비가 떠오른다면 그 사람의 눈을 감겨 줘. 그러면 시신이 잠을 자는 듯이 보일 테고, '네 영혼을 뚫고 들어오는 아빠의 생기 없는 뿌연 눈'이 덜 떠오를 거야.

일단 피가 가라앉기 시작하면 더욱 뚜렷한 색 변화가 일어날 거야. 살아 있을 때 피에는 여러 성분들이 섞여 있어. 하지만 피가 움직이지 않게 되면 이 혼합액에서 더 무거운 백혈구가 천천히 가라앉아. 녹지 않은 설탕이 물컵 바닥으로 내려앉는 것과 비슷해.

그러면서 확실하게 눈에 띄는 죽음의 첫 번째 표시가 나타나. 바로 시반이야. 시반은 시신의 아래쪽에 피가 고이는 거야. 시신을 눕혀 놓으니까 대개 등 쪽이지. (마찬가지로 중력 때문에 생겨.)

고인 피는 대체로 자주색을 띠어. 시반은 라틴어로 리보르 모르티스(livor mortis)인데, '죽음의 푸르죽죽한 색깔'이라는 뜻이야.

죽은 뒤 몸의 '변색'을 이야기할 때, 살아 있던 사람의 피부색이 무엇이었는지를 염두에 두어야 해. 변색은 옅은 색깔의 피부일수록 더 심하고 뚜렷이 나타나. 그러나 걱정하지는 마. 이런 사후 색깔 변화는 부패처럼 우리 모두에게 일어나는 일이니까.

시반은 법의학 검시관에게 도움을 줄 수 있어. 언제 어디에서 죽었는지를 알려 주기도 하거든. 반점이 어떻게 생겼는지, 얼마나 몰려 있는지가 다르거든. 예를 들어, 시반이 몸 앞쪽 전체에 퍼졌다면 시신이 몇 시간 동안 엎드려 있었다는 뜻이야. 그래서 피가 앞쪽에 고인 거지.

그러나 바닥 같은 무언가에 닿아서 눌린 부위에는 시반이 생기지 않아. 압력 때문에 피부 가까이에 있는 모세 혈관으로 피가 들어올 수 없으니까. 그래서 검시관은 몸이 어떤 자세로 누워 있었거나 어디에 놓였었는지를 알아낼 수 있어.

잠깐, 또 있어. 시반 색깔이 다르다면? 시반이 새빨간 버찌색이라면 추운 곳에서 죽었거나 일산화 탄소를 마셔서 죽었다는(아마 불이 나서 연기를 마시는 바람에) 뜻일 수도 있어. 진홍색이나 분홍색이면 질식사했거나 심장 마비로 사망했다는 의미일 수 있지. 또 피를 많이 흘렸다면 시반이 아예 생기지 않을 수도 있어.

시반은 죽은 지 몇 시간 이내에 시신에서 볼 수 있는 첫 번째 색깔 변화야. 하지만 죽은 지 하루 반쯤 지나면 놀라운 색깔들이 새로이 나타나.

부패 작용이 일어나는 거야. 시신에서 그 유명한 녹색이 나타나는 것도 바로 이때야. 사실 녹갈색에 더 가까워. 청록색도 좀 보이고. 이 색깔을 '썩은' 색깔이라고 말해도 전혀 틀리지 않아. 부패 작용으로 곳곳에서 피어나는 녹색, 자주색, 청록색은 세균 활동 때문이거든. 죽은 뒤에도 몸속에서는 아직 흥미로운 일들이 일어난다고 한 말을 기억해? 이 잔치에서 가장 중요한 손님은 세균이야. 장내 세균이 마구 불어나면서 몸속에서 너를 먹어 치워.

녹색은 아랫배에서 먼저 나타나. 잘록창자의 세균들이 불어나면서 창자를 먹어 치우거든. 세균은 내장 세포들을 녹여. 즉 체액이 여기저기로 흘러나온다는 뜻이야. 세균의 '소화 작용'으로 기체(세균 방귀)가 쌓이기 시작하면서 위장이 부풀어. 세균이 불어나고 퍼지면서 녹색으로 변하는 곳도 많아지지. 그러면서 녹색이 더 짙어지거나 검게 변하는 곳도 생겨나.

부패는 세균만이 일으키는 것이 아니야. 자가 분해라는 부패 과정도 있어. 자가 분해는 효소가 몸 안에서부터 세포를 파괴하며 시작돼. 이 파괴 과정은 죽은 지 몇 분 뒤부터 줄곧 조용히 일어나고 있었던 거야.

이제 몸은 복잡한 여행을 떠나. 자가 분해와 세균에 의한 부패 작용을 통해서지. 새로운 색깔 패턴이 생겨나. 피부 가까이 있는 혈관의 맥을 따라서 색깔이 나타나기 시작할 거야. 좀비 바이러스에 감염되었다는 것을 나타내기 위해 영화에서 흔히 쓰는 '자주색 정맥' 특수 효과가 바로 이거야. 시신에서 이 무늬는 혈관이 썩고 있으며 헤모글로빈이 피에서 분리되고 있다는 표시거든. 헤모글로빈에 피부가 물들면서 빨간색, 진홍색, 녹색, 검정색의 은은한 색깔들이 나타나지. 헤모글로빈은 분해되어 빌리루빈(몸이 노란색을 띠게 해)과 빌리베르딘(녹색을 띠게 해)이 돼.

이런 다채로운 색깔 쇼는 피부의 팽창, '유출', 물집, 벗겨짐 같은 눈에 보이는 다양한 부패 작용의 효과들과 함께 일어나. 그러면서 색깔이 너무 심하게 변해서 더 이상 그 사람이 누구인지 알아보기 어렵고, 원래 나이도 피부색도 알아볼 수 없게 돼.

네가 심하게 부패된 상태의 시체를 볼 일은 거의 없을 거야. 좀비 영화나 공포 영화를 빼면. 사실 21세기에는 시신이 이만큼 부패할 때까지 놔두지 않아. 부패 과정을 실시간으로 지켜볼 일이 거의 없기 때문에, 대부분의 사람들은 죽으면 즉시 시신이 부풀고 색깔이 변한다고 믿는 것 같아. 그렇지 않아. 그러려면 며칠이 걸려. 장례식장에서는 시신을 방부 처리(부패를 늦추는 화학적 처리)하거나 냉장고에 넣어 둘 거야(차가운 공기는 부패를 늦춰). 그런 뒤에 빨리 매장하거나 화장하기 때문에 유족이 부패하는 과정을 직접 보는 일은 결코 없어. 그러니 부패하는 시간을 잘못 알고 있는 것도 놀랄 일이 아니야. 네가 완전히 부패한 시신을 평생

한 번도 보지 못할 가능성도 높아! 그렇다면 그 아름다운 색깔을 못 보겠지만, 네가 숲에서 우연히 시체를 맞닥뜨려서 그런 광경을 보게 된다는 상상을 하면 차라리 못 보는 게 최선일 것 같아.

화장하면 어떻게 어른의 몸 전체가 작은 상자에 들어갈 수 있는 걸까?

화장장 직원이 작은 봉안함을 건네면서, "자, 할머니예요!"라고 말한다면 이상하게 느껴질 거야. 어, 우리 할머니는 훨씬 더 크셨는데…… 아무튼 감사합니다. 직원이 똑같은 봉안함을 건네면서 "옆집에 살던 더그 아저씨예요!"라고 말한다면, 더욱 기분이 이상할 거야. 응? 더그 아저씨는 키가 190센티미터에다 몸무게가 150킬로그램이 넘었는데? 어떻게 할머니하고 똑같은 봉안함에 들어갈 수 있는 거지? 이 화장장이 사기 치는 거 아니야?

아니, 사기가 아니야. 화장하면 사람들이 (대체로) 똑같은 크기가 되는 데에는 이유가 있어.

많은 사람 앞에서 중요한 연설을 할 생각에 긴장할 때, 청중이 벌거벗고 있다고 상상하라는 말을 들어 보았겠지? 여기서 상상을 재미있게 바꿔 봐. 청중이 해골이라고 상상하는 거야. 피부, 지방, 내장 등 몸에 있는 것을 싹 없앤다면, 누구든 남은 뼈대는 거의 다 똑같아. 물론 누구는 키가 좀 크고, 누구는 어떤 뼈가 좀 굵고, 누구는 팔뼈가 한쪽만 있겠지만, 뼈대는 다 비슷비슷해. 그리고 봉안함에 할머니가 들었든 더그 아저씨가 들었든 간에 뼈는 곱게 갈려서 가루가 되어 있어.

화장이 어떤 식으로 이루어지는지 알려 줄게. 화장장 화장로의 문을 열고 시신을 안으로 죽 밀어 넣어. 시신은 며칠에서 일주일쯤 냉장고에 보관되었을 수도 있지만, 전반적으로 달라지는 것은 거의 없어. 숨을 거둘 때 입고 있던 옷을 그대로 입고 있을 수도 있지. 화장로의 문이 닫히면 즉시 약 800도로 가열돼. 그러면 시신은 곧바로 변하기 시작해.

처음 10분 동안 불꽃은 몸의 부드러운 조직을 공격해. 물컹물컹한 부위라고 해도 되겠지. 근육, 피부, 장기, 지방이 지글거리면서 쪼그라들다가 증발해. 머리뼈와 갈비뼈가 모습을 드러내지. 이윽고 머리뼈 위쪽이 펑 열리면서 검게 변한 뇌가 불길에 타올라. 인체는 약 60퍼센트가 물이야. H_2O, 즉 물은 다른 모든 체액과 함께 증발해서 화장로 굴뚝을 통해 빠져나가. 한 시간 남짓이면 인체의 유기물은 모두 분해되어 증발해.

화장이 끝나면 뭐가 남을까? 뼈야. 뜨거운 뼈. 녹아서 바스러진 이 뼛조각들을 '화장 후 유골' 또는 더 흔히 화장재라고 해. (우리 화장장에서는 '화장 후 유골'이라는 말을 선호해. 좀 더 품위 있고 공식적으로 들리니까. 하지만 '화장재'라는 말도 괜찮아.)

음, 사람의 온전한 뼈대는 아니야. 화장할 때 사람의 뼈에 든 유기물도 다 타 버린다는 점을 생각해 봐. 화장 후 유골에 남은 것은 인산 칼슘, 탄산염, 광물질, 소금이야. 완전히 멸균된 상태지. 즉 눈밭이나 모래밭처럼 그 위에서 마구 굴러도 완벽하게 안전하다는 뜻이야. 물론 그런 짓을 하라고 권하는 것은 결코 아니야. 그냥 예로 든 거지. 화장 후 유골에는 DNA도 전혀 없어. 그래서 눈으로 보아서는 할머니 뼈인지 옆집 더그 아저씨 뼈인지 사실상 구별할 수가 없어. 예전부터 범죄를 은폐하는 가장 좋은 방법이 시신을 태우는 거라고 생각한 이유가 바로 그 때문이야. (지금은 죽음에 뭔가 수상쩍은 부분이 있다면, 수사가 다 끝날 때까지 화장하지 못하게 되어 있어.)

뼈가 다 식으면, 화장로에서 꺼내어 쓸어 담아. 좀 큰 금속 조각들도 섞여 있곤 해(할머니가 엉덩 관절을 이식하셨니? 그러면 화장한 뒤 발견될 거야!). 그런 것들을 다 골라낸 다음 유골을 잘게 부수어. 그다음 이 가벼운 회색 가루를 봉안함에 담아서 유족에게 건네지. 유족은 유골을 어딘가에 흩뿌리거나 매장하거나 다이아몬드로 만들거나 우주로 쏘아 올리거나 페인트로 만들거나 문신 잉크로 쓸 수 있어.

그런데 어떤 사람의 몸무게가 200킬로그램이라면? 화장재가 분명히 더 무겁지 않을까? 아니. 그 늘어난 몸무게는 대부분

지방이야. 뼈대는 다른 사람들의 뼈대와 별다를 바 없어. 지방도 유기물이니까 화장 과정에서 다 타 버릴 거야. 몸무게가 아주 많이 나가는 사람은 화장할 때 더 오래 걸릴 수 있어. 두 시간이 넘게 걸리기도 해. 지방이 타는 데 시간이 걸려서지. 하지만 화장이 끝난 뒤에는 화장로에 들어간 시신의 몸무게가 200킬로그램이었는지 50킬로그램이었는지 알 수 없어. 불은 사람을 아주 평등하게 만들거든.

봉안함에 화장재가 얼마나 많이 들어갈지는 몸무게보다 키와 더 관계가 있어. 여성은 키가 남성보다 더 작은 경향이 있어. 그래서 뼈도 더 작고, 화장재도 약 1킬로그램쯤 더 적어. 나는 키가 180센티미터를 넘으니까 화장하면 화장재의 무게가 좀 나갈 것이라고 생각해. (나는 화장보다는 야생 동물에게 먹히는 쪽을 택하고 싶지만 그건 다른 이야기니까.) 몇 년 전에 돌아가신 우리 삼촌은 키가 195센티미터였어. 내가 지금까지 유족에게 건넨 봉안함 중 무거운 축에 들었지.

그러니 사람이 겉으로 어떻게 보이는지는 신경 쓰지 마. 중요한 것은 몸속, 즉 뼈대의 무게야. 할머니도 더그 아저씨도 결국에는 작은 봉안함 안에 들어갈 만큼 줄어들어. 피부, 조직, 장기, 지방 같은 유기물이 모두 증발해서 허공으로 날아가면 바스러지는 뼈만 남으니까.

할머니와 더그 아저씨가 화장한 뒤에 똑같이 화장재만 남고, 거기에 DNA도 전혀 없다면, 두 봉안함은 아무런 차이도 없지 않을까? 할머니의 화장재가 전혀 특별하지 않은 것처럼 느껴질 수도 있어. '할머니다운 무언가'가 다 사라지고 없지 않나? 그렇지 않아! 눈에 보이지 않는다고 해도, 차이가 있어. 아마 할머니는 채식주의자였고 복합 비타민을 드셨을 수도 있어. 더그 아저씨는 거의 평생을 어느 공장 근처에서 살았을 거야. 이런 요인들에 따라서 화장재에 든 미량 원소의 양이나 종류가 달라져.

할머니와 더그 아저씨의 화장재가 비슷해 보이고 주는 느낌도 유사할 수 있지만, 그래도 할머니는 할머니야. 네가 화장장에서 건넨 평범한 봉안함을 할머니의 웃는 얼굴이 새겨진 멋진 봉안함으로 바꾸고 싶을 것이라는 뜻이지. 할머니는 멋진 분이셨으니까.

죽었을 때 똥을 쌀까?

너는 죽었을 때 똥을 쌀지도 몰라. 풋! 정말? 그럼. 나는 매일 똥 싸는 순간을 즐기기 때문에, 죽은 뒤에 똥을 싼다는 생각도 자연스럽게 받아들일 수 있어. 음, 그걸 닦아 낼 간호사나 장례 지도사에게 이 자리를 빌려 미리 사과와 감사의 말을 드리고 싶네.

먼저 우리가 살아 있을 때 배변을 어떻게 하는지 알아볼까? 똥은 몸속을 구불구불 여행한 끝에 마지막으로 밀려 나와서 자유를 얻어. 대변이 마지막으로 머무는 곳은 곧은창자야. 똥이 거기에 다다르면, 뇌로 신호가 가. "어이, 똥 쌀 시간이야." 곧은창자 아래쪽 항문에는 고리 모양의 근육이 있어. 바깥 항문 조임근이라고 하지. 이 근육은 항문을 꽉 조여서 대변을 가두는 감옥 문 역할을 해. 준비가 될 때까지 똥이 몸 밖으로 나가지 못하게 막는 거야. (이상한 음식을 먹어서 배가 싸하게 아플 때를 빼고.)

바깥 항문 조임근은 맘대로근이야. 뇌가 원하기만 하면 똥 구멍을 얼마든지 꽉 닫고 있을 수 있다는 뜻이야. 또 화장실에 가서 안전하게 앉은 뒤에야, 뇌가 조임근에 "힘 빼"라고 명령을 내린다는 말이기도 해. 우리는 그렇게 원하는 대로 조절할 수 있다는 사실에 감사해야 해. 덕분에 토끼처럼 아무 때나 똥 쌀 일 없이 세상을 편하게 걸어 다닐 수 있잖니.

하지만 우리가 죽으면, 우리 뇌는 더 이상 근육에 이런 신호를 보낼 수 없어. 사후 경직 때 근육은 꽉 당겨져서 굳은 채로 있어. 그러다가 며칠 뒤에 풀리지. 부패는 이미 시작된 상태이고, 그때쯤에는 모든 근육이 느슨해져. 똥(그리고 오줌)을 가두고 있던 근육들도 느슨해져. 따라서 죽는 순간에 몸에 대변이나 소변을 가두고 있었다면, 이제 그것들은 풀려나서 자유를 얻는 거야.

모두가 사후에 배변한다는 말은 아니야. 나이가 아주 많은 사람들, 오랫동안 병을 앓던 사람들 중에는 죽기 며칠 또는 몇 주 동안 거의 아무것도 먹지 못한 이들이 많아. 그들은 죽을 때 몸속에 배설할 노폐물이 거의 없는 거지.

나는 시신을 장례식장으로 운구하기 위해 시신이 있는 곳으로 갈 때면 놀라운 똥과 마주치곤 해. 시신을 안전하게 들것에 옮기기 위해 일으켜 세우거나 뒤집다가 배가 눌리면, 대변이 약간 새어 나올 수 있어.

하지만 시신분, 당황하지 마세요! 장례 지도사는 똥을 치우는 데 익숙하거든. 부모님이 아기가 응가한 기저귀를 가는 데 익숙한 것처럼 말이지. 장례 지도사가 으레 하는 일이야.

말이 난 김에 덧붙이자면, 대변을 다루는 직업 중 가장 힘든 쪽은 법의 병리학자야. (그들의 평균 연봉이 장례 지도사보다 약 5만 달러 더 높은 이유 중 하나지.) 누군가의 죽음이 수수께끼라면, 그의 위장과 대변이 중요한 단서를 제공할 수 있어. 부검하는 사람은 대변을 채집해서 죽음을 설명해 줄 어떤 이상한 점이 있는지 살펴보기도 해. 나는 「쥐라기 공원」의 로라 던처럼 공룡의 거대한 똥 더미를 헤치기보다는 시신을 염하면서 조금 묻은 대변을 닦아 내는 쪽이 더 좋아.

장례 지도사는 유족이 시신을 보러 올 때 시신에서 대소변이 새어 나오지 않을까 걱정하곤 해. 할아버지와 만난 마지막 '기억'이 어딘가에서 똥 냄새가 풍기는 것 같았다는 식이 되기를 누가 바라겠어? 장례 지도사는 그런 일이 일어나지 않게 할 많은 비법을 알고 있어. 가장 초보적 수준의 비법은 기저귀야. 내가 선호하는 방법이기도 해. 몸속에 손댈 필요가 없으니까. 내 말이 무슨 뜻인지 알겠지? 중간 수준의 비법은 A/V 플러그야. (A/V는 오디오/비디오를 말하는 것이 아니야. 음, 그보다는 좀 더 눈에 확 들어오는 건데…… 스스로 발견의 여행을 할 기회를 줄게.) 이 플러그는 포도주병 코르크 따개와 욕조 마개를 합친 것처럼 생긴 플라스틱 도구야. 대가 수준의 비법은 항문관 안에 솜을 채워 넣은 뒤에 실로 항문을 꿰매는 거야. 내 생각에 이 방법은 좀 심한 것 같아. 그래서 우리 장례식장에서는 그냥 시신이 편하게 배변하도록 놔두는 쪽이야. 나는 똥 이야기를 신나게 더 하고 싶은데, 아무도 더 묻는 사람이 없으니까 좀 그렇네…….

비덴든 메이즈(Biddenden Maids)의 문제는 실존했는지가 불분명하다는 거야. 그들의 이야기를 기록한 문헌이 없지는 않아. 메리와 엘리자 철크허스트는 (전해지는 말에 따르면) 1100년에 영국 비덴든에서 태어났어. 그들은 엉덩이와 어깨가 붙은 결합 쌍둥이였어. 그들은 아주 기운찼어. 둘은 심하게 다툴 때는 말뿐 아니라 서로 주먹질을 하면서 싸웠대. 재미있게 들리지. 중세 리얼리티 쇼처럼 말이야! 쌍둥이가 34세 때, 메리가 병에 걸려서 사망했어. 식구들은 엘리자에게 말했지. "너를 떼어 내려는 시도는 해 봐야 하지 않겠니? 안 그러면 너도 죽을 거야." 하지만 엘리자는 죽은 자매인 메리와 떨어지지 않겠다고 했어. "태어날 때도 함께였으니까 떠날 때도 함께할 거예요." 여섯 시간 뒤, 엘리자도 숨을 거두었어.

그들이 살았던 마을에서는 지금도 부활절에 이 쌍둥이를 기념하곤 해. 둘의 모습을 새긴 비스킷을 저소득층 주민에게 돌리지. 그렇게 잘 알려져 있긴 해도 사실 비덴든 메이즈는 그냥 전설, 즉 전해지는 이야기에 불과할 수도 있어. 메리와 엘리자의 엉덩이와 어깨가 정말로 서로 붙어 있었다면, 두 군데 이상이 붙은 채로 생존한 유일한 쌍둥이로 기록되었을 테니까.

사회가 결합 쌍둥이의 내밀한 생활에 (때로 부적절하게) 관심을 가질 수도 있겠지만, 사실 그들은 굉장히 드물어. 의학 박물관이나 케이블 TV에서 볼 수 있지만 그리 흔치 않아. 20만 명에 한 명꼴로 태어나. 이런 쌍둥이가 너무 드물어서 과학자는 쌍둥이의 몸이 붙어서 태어나는 이유를 아직 제대로 몰라. 가장 널리 받아들여진 이론은 결합 쌍둥이가 원래 일란성 쌍둥이라는 거야. 일란성 쌍둥이는 수정란 하나가 둘로 나뉘어서 생겨. 수정란이 둘로 완전히 갈라지지 않거나 갈라지는 데 너무 오래 걸리면, 쌍둥이의 몸이 결합된 채로 남을 수 있다는 거지. 이와 정반대라고 보는 이론도 있어. 두 개의 수정란이 서로 붙어서 결합 쌍둥이가 된다는 거야.

몸이 붙는 과정이 어떻게 발생하는지는 확실히 모르지만, 그 일이 일어난다면 알게 돼. 예후가…… 안 좋거든. 결합 쌍둥이 중 약 60퍼센트는 태어나기 전에 죽을 거야. 살아서 태어난다고 해도 그중 35퍼센트는 하루도 못 살고 삶을 마감해.

네가 아주 드물게 엄마 배 속에서 살아남아 세상으로 나온 결합 쌍둥이라면, 오래 살지 여부는 어느 부위가 붙었느냐에 달려 있기도 해. 가슴이나 위장이 붙었고(대부분의 결합 쌍둥이는 이 부분이 붙어 있어) 창자나 간 같은 기관을 함께 쓴다면, 머리가 붙었을 때보다 생존 가능성이 훨씬 높아. 분리 수술에 성공할 가능성도 훨씬 높고.

21세기에 태어나는 결합 쌍둥이는 가능한 한 일찍, 첫돌을 맞이하기 전에 분리 수술을 받곤 해. 하지만 가장 좋은 병원에서 최고의 의사들에게 수술을 받는다고 해도, 쌍둥이 중 한쪽은 건강하게 살아가고 다른 한쪽은 병약해지거나 죽게 될 수도 있어.

에이미와 앤절라 레이크버그는 1993년에 미국에서 태어난 결합 쌍둥이였어. (비정상인) 심장과 간이 하나였어. 의사들은 두 아이가 한 몸인 상태로는 살 수 없으리라고 보았지. 그래서 앤절라를 살리고 에이미를 희생시키기로 결정했어. 에이미는 수술하는 동안 사망했고, 앤절라는 (얼마 동안은) 살았어. 10개월 뒤 심장에 문제가 생기는 바람에 앤절라도 숨을 거두었지. 쌍둥이의 수술과 병원비로 100만 달러가 넘게 들었어.

2000년 몰타섬의 결합 쌍둥이는 더 행복한 결말을 맞이했어(비록 아기가 죽을 때 '행복한 결말' 같은 것은 없지만). 태어날 때 그레이시와 로지 애터드는 척추뼈, 방광, 순환계의 많은 부분을 함께 쓰고 있었어. 결합 쌍둥이가 심장이나 허파를 두 개 지니는 식으로 기관을 따로따로 가진다고 해도, 기관들은 협력해. 쌍둥이 한쪽의 기관이 훨씬 약하면, 다른 기관이 보완할 거야. 로지는 심장이 약했어. 그래서 그레이시의 심장이 더 세차게 뛰면서 양쪽 몸의 피를 돌렸지. 하지만 심장이 너무 심하게 뛰다 보니 그레이시의 다른 주요 기관들에 무리가 갔어. 그레이시의 기관들이 망가지면, 둘 다 죽을 것이 뻔했지.

의사들은 쌍둥이를 분리해야 한다고 판단했어. 그러면 로지는 죽고, 그레이시는 튼튼해서 스스로 살아갈 수 있으리라고 보았지. 하지만 자매의 부모는 독실한 가톨릭 신자였어. 딸인 로지를 '희생시킨다'라는 수술 동의서에 도저히 서명하지 못하겠다고 거부했지. 그들은 쌍둥이를 분리하지 않고 '신의 손'에 맡기겠다고 했어. 하지만 법원에 이어서 상소 법원에서도 부모의 견해와 반대로 수술을 진행하라고 판결이 났어. 수술은 스물네 시간이 걸렸고, 그 과정에서 로지는 사망했어. 대동맥이 잘릴 때 외과 의사 두 명이 수술칼을 들고 있었기에, 로지의 죽음이 어느 한쪽 의사의 책임이라고는 말할 수 없었지. 그레이시는 지금 성인이 되었고, 잘 지내고 있어. 그리고 수술한 외과 의사 한 명과 여전히 안부를 주고받곤 해.

두 아기를 분리하는 수술은 잘될 수도 있어. 적어도 한쪽은 정상적으로 자라는 것이 가능해. 그리고 지금은 둘 모두를 살리는 사례도 늘고 있어. 쌍둥이가 클수록 분리 수술은 훨씬 더 어려워져. 신체적으로도 그렇고 정신적으로도 그래. 결합 쌍둥이는 다른 쌍둥이들이 이해할 수조차 없는 수준의 강한 유대감을 지녀. 그들은 어른이 된 뒤에도 함께 붙어 있는 쪽이 더 좋다고 말하곤 해. 마거릿과 메리 깁은 20세기 초에 태어났어. 의사들은 그들을 분리해야 한다고 줄곧 말했지만, 둘은 늘 거부했지. 그럼에도 의사들은 수술을 해야 한다고 끈덕지게 말했어. 마거릿이 방광암 말기라는 진단을 받자 더욱 그랬지. 암은 이윽고 허파로도 퍼졌어. 그래도 쌍둥이는 분리 수술을 거부했어. 그리고 1967년에 몇 분 차이를 두고 세상을 떠났어. 그들은 특별 제작한 관에 함께 넣어서 묻어 달라고 했어.

아마 어른 결합 쌍둥이 중에서는 창과 엥 벙커가 가장 유명할 거야. 그들이 시암(지금의 태국) 태생이었기에, '샴쌍둥이'라는 말이 생겨났어. 말년에 창은 뇌졸중과 기관지염에 시달리고, 만성 알코올 의존증에 빠져 있었어. 반면에 엥은 술을 아예 마시지 않았지. 또 그는 창이 술을 마셨을 때 취하지 않았고, 아무런 영향도 받지 않았다고 했어.

쌍둥이가 62세 때의 어느 날이었어. 엥의 아들이 자고 있는 쌍둥이를 깨우러 왔다가 창이 사망했다는 것을 알았어. 그 말을 듣자 엥이 울부짖었지. "그럼 나도 죽는구나!" 엥은 두 시간 뒤 사망했어. 과학자들은 창은 피가 응고되는 바람에 죽었고, 엥은 그의 피가 연결된 혈관을 통해 창에게 보내졌지만 돌아오지 않아서 죽었다고 보았어.

대체로 전문가들은 창과 엥이 20세기에 태어났다면 아마 분리 수술을 받을 수 있었을 것이라고 생각해. 지금은 그런 수술을 전문으로 하는 병원도 있어. 그러나 최신 의료 기술로도 반드시 성공한다고 보장할 수는 없어. 머리가 서로 붙어 있던 이란의 29세 쌍둥이 라단과 랄레 비자니는 2003년 분리 수술 도중에 둘 다 사망했어. 수술진은 가상 현실 모델, CT, MRI 등 당시의 최신 기술을 모두 활용했어. 하지만 그 첨단 기술들도 쌍둥이 머리뼈 아래쪽에 큰 정맥이 숨겨져 있다는 것을 발견하지 못했어. 그 정맥이 잘리는 바람에 출혈이 심해져서 쌍둥이는 죽고 말았지.

그러니 "결합 쌍둥이는 반드시 한날한시에 죽을까?"라는 질문의 답은 좀 슬프지만 이래. "그래, 시간이 조금 차이가 날 뿐이야." 안타깝지만, 미사여구로 꾸미고 싶지는 않아. 의사들은 새로운 영상 기술을 써서 결합 쌍둥이의 몸속에서 어떤 일이 일어나는지를 이해하고자 애쓰고 있어. 하지만 결합 쌍둥이는 가장 값비싼 최신 장치로도 알아차리기 어려운 방식으로, 신체적으로 감정적으로 서로 연결되어 있어. 결합 쌍둥이는 실제 삶과 인격을 지닌 진짜 사람이야. 아마도 비덴든 메이즈만 빼고 말이야. 그들이 진짜로 살았는지는 아직 불분명해.

명청한 표정을 지은 채로 죽으면 영원히 그 표정을 지니게 될까?

누구나 다 아는 장면을 하나 떠올려 볼까? 아이들이 눈을 찡그리고 혀를 쑥 내밀고 콧구멍을 넓혀서 돼지 코 모양을 한 채 집 안을 뛰어다니고 있어. 아이들을 쫓아다니던 엄마가 도저히 못 참고 소리를 지르지. "계속 그런 표정을 지으면 평생 그 얼굴로 살게 될 거야!" 어머니, 아이들 겁주기에는 좋지만 사실이 아니에요. 괴상하게 아무리 괴상하게 표정을 짓는다고 해도, 얼굴 표정은 원래대로 돌아와요. (어머니, 게다가 일그러뜨리고 잡아당기고 하는 표정이 혈액 순환에 좋다는 의학적 증거도 있답니다.) 그런데 괴상한 표정을 지은 채로 죽으면 어떻게 될까? 엄마에게 메롱 하고 있는데 갑자기 심장 마비가 오면? 그 표정이 영원히 남는 걸까?

대개는 그렇지 않아. 정말이냐고? 궁금하면 읽어 봐.

죽으면 몸의 모든 근육은 느슨해져. 아주 축 늘어지게 돼.

(바로 이때 대변이 조금 새어 나온다고 앞에서 말한 거 기억나지?) 죽고서 처음 두세 시간 동안 이어지는 이 시기를 1차 이완기라고 해. "그냥 긴장 풀어. 편안히 쉬어. 넌 죽었잖니." 웃긴 표정을 지은 채 죽는다고 해도, 1차 이완기 때 모든 근육과 함께 얼굴 근육도 풀어져. 턱도 벌어지고 눈꺼풀도 열리고, 관절도 늘어져(좀 어려운 용어를 써서, 긴장 완화 또는 저긴장 상태라고 해). 한마디로, 괴상한 표정과도 안녕이지.

너나 식구들이 집이나 요양 시설에서 죽은 사람을 돌보고 있다면, 우리 장례식장에서는 유족에게 1차 이완기에 가능한 한 일찍 시신의 입을 닫고 눈을 감기라고 권해. 그러면 사후 경직이 시작되기 전에 평온한 얼굴이 자리를 잡을 수 있으니까.

사후 경직은 내가 키웠던 비단뱀의 이름이기도 하지만, 당연히 더 깊은 뜻이 있는 용어야. 사후 세 시간쯤부터 시작되는 근육이 뻣뻣해지는 현상을 가리키는 말이야. 날씨가 아주 더운 곳이나 열대 지방에서는 더 일찍 시작돼. 나는 여러 해 동안 사후 경직을 연구했는데, 아직도 그 과학을 완전히 이해했다는 확신이 안 들어. 우리 몸의 근육이 이완되려면 ATP(아데노신삼인산)가 필요해. 그런데 ATP는 산소를 필요로 하지. 더 이상 숨을 안 쉰다는 건 산소를 들이마실 수 없고, ATP도 생기지 않는다는 뜻이야. 즉 수축한 근육이 이완될 수 없지. 종합적으로 사후 경직이라고 하는 이 화학적 변화는 눈꺼풀과 턱 주위에서 시작되어 몸의 모든 근육으로 퍼져 나가. 장기로도 퍼지지. 근육은 엄청나게 뻣뻣해져. 사후 경직이 일어나면, 몸은 어떤 자세로 있든 움직이지 않아. 장례식장 직원들은 그 자세를 바꾸기 위해서 시신의 관절과 근육을 계속 마사지해야 해. 이 과정을 '경직 풀기'라고 해. 이때 뚝뚝 찍찍 하는 소리가 꽤 많이 나. 하지만 뼈를 꺾어서 나는 소리가 아니야. 근육에서 나오는 소리야.

시반처럼 사후 경직도 법의학에 유용한 단서가 될 수 있어. 인도에서 25세 여성의 시신이 발견되었어. 누워 있는 모습이긴 했는데, 좀 이상했지. 처음에 수사관은 살아 있는 사람이 요가를 하거나 몸을 쭉 뻗은 자세를 취하고 있다고 생각했을지도 몰라. 마치 중력을 거부하듯이 두 다리와 한쪽 팔을 위로 치켜든 자세였거든. 여성은 부검실에 운반될 때까지도 여전히 그 자세였어. 부검한 뒤에 법의학 팀은 살인자가 여성을 살해한 뒤에 다른 곳으로 옮기려 했다는 이론을 세웠어. 살인자는 시신을 옮기려 하다가 (아직 1차 이완기에 있을 때) 이런 별난 자세로 만들었을 거야. 아마 시신을 자동차 트렁크나 가방에 집어넣었겠지. 그 뒤로 시신에 사후 경직이 일어났을 거고. 말했듯이 일단 사후 경직이 일어나면 몸은 그 상태로 빳빳이 굳어. 그래서 살인자가 시신을 버린 뒤에도 여전히 구부러진 자세로 있었던 거지.

그렇다면 사후 경직을 이용하여 사후에 웃긴 표정을 만들 수도 있지 않을까? 친구나 친척에게 1차 이완기에 별난 자세에다가 웃긴 표정을 만들어 달라고 하면? 사후 경직 동안은 그 상태가 유지될 수도 있어. 물론 엄마가 그런 장난을 허락하지 않을 것이라고 확신하지만 말이야. 불쌍한 엄마. 너는 죽은 뒤에도 엄마를 놀리고 있는 거야!

안타깝게도 사후 경직은 결국 사라져. 언제 풀리는지는 시신마다 다르고, 환경에 크게 영향을 받아. 아무튼 약 일흔두 시간이 지나면 근육은 다시 느슨해지고, 오리처럼 내민 입술 표정도 사라져.

하지만 내가 네 질문에 "대개는 그렇지 않아"라고 답한 것 기억해? 드물긴 하지만 "그래"라고 답할 흥미로운 사례도 있다는 뜻이지.

법의학자들 사이에서 논란을 일으키는 현상이 있어. 시체 연축 또는 순간 경직이야. 순간 경직은 말 그대로 죽을 때, 근육이 느슨하게 이완되는 단계를 건너뛰어서 곧바로 사후 경직에 들어가는 거야. 혹시 우리가 죽는 순간과 죽은 뒤에도 웃긴 표정을 그대로 유지할 수 있는 틈새를 발견한 것이 아닐까?

너무 성급하게 굴지 마. 시체 연축은 대개 한 근육 집단에만 나타나. 주로 팔이나 손에 있는 근육이지. 이 말은 죽을 때 팔로 웃긴 자세를 취할 수 있다는 거야. 좀비 팔, 사랑해 팔, 이집트 미라 팔 자세 같은 것 말이야. 하지만 '사후 웃긴 팔 자세'는 눈을 크게 뜨고 혀를 쑥 빼거나, 눈을 찡그리고 코를 벌렁거리는 등 '사후 웃긴 표정'보다는 좀 효과가 떨어지지 않겠어?

또 시체 연축은 대개 스트레스를 받는 상황에서 죽었을 때 생겨. 뇌졸중, 익사, 질식사, 감전사나 머리에 총을 맞아서 죽었을 때처럼 말이야. 전쟁터에서 총에 맞아 죽은 군인이나 심하게 다투다 갑자기 죽은 사람에게서 나타나곤 해. 좋은 죽음처럼 들리지 않을 거야. 그리고 솔직히 말해서 나는 너희가 그런 안 좋은 죽음을 맞이하기를 원치 않아.

나는 네 웃긴 표정을 영구히 유지할 방법을 알지 못해. 알아보려고 애썼지만 과학적으로 안 된대. 게다가 불쌍한 엄마를 그만 괴롭혀야지.

할머니에게 바이킹 장례식을 해 드릴 수 있을까?

할머니가 바이킹 장례식을 원하셨다고? 그렇다면 할머니는 대단한 사람이었을 거야. 생전에 뵈었다면 좋았을 텐데.

그런데 내가 좀 안 좋은 소식을 전하는 것이 아닐까 걱정되네. 할머니가 돌아가셨다는 소식이 아니라 '바이킹 장례식', 적어도 할리우드 영화에 등장하는 바이킹 장례식이라는 것이 사실은 없다는 소식이지. 너는 용감하게 싸우다 쓰러진 전사인 할머니의 시신이 수의에 덮인 채 나무배에 실리는 엄숙한 장면을 떠올릴 거야. 숙모들은 그 고귀한 배를 바다로 떠밀 거야. 엄마는 활을 당겨서 불붙은 화살을 하늘로 쏘아 올리지. 빛줄기가 곡선을 그리면서 배에 떨어지고 할머니는 배와 함께 활활 타오를 거야. 삶이 빛났듯이, 죽음도 빛날 거야.

안타깝지만…… 이 장면들은 모두 가짜, 허구, 거짓이야.

어떻게 가짜일 수 있지? 당연히 바이킹이 그런 장례식을 치렀으니까 바이킹 장례식이라고 부르는 게 아니겠어? 흠, 아니야. 우리가 좋아하는 바이킹은 중세 스칸디나비아의 습격자이자 상인이었어. 그들은 다양하면서 흥미로운 장례 풍습을 지녔지만, 배에 불을 질러 화장하는 풍습은 없었어. 그들의 장례 풍습을 몇 가지 말해 볼까? 바이킹은 화장을 하긴 했어. 그런데 육지에서였지! 때로는 화장용 장작을 쌓고서 그 바깥에 배 모양으로 돌을 쌓기도 했어(아마 그들이 배로 화장했다는 착상을 여기서 얻지 않았을까?). 죽은 사람이 매우 중요한 인물이라면, 그 사람의 배를 땅으로 끌어 올려 관으로 삼아 묻기도 했어. 배 장례였지. 그러니 불화살을 쏘아서 바다 위의 배에 불을 지르는 화장법은 없었어.

배와 함께 시신을 불태우는 화장을 한 사례가 역사적으로 있었다는 부정확한 이야기를 혹시라도 꺼낼까 봐 미리 말해 둘게. 그 이야기는 '아마드 이븐 파들란'이라는 사람에게서 나온 거야. 할리우드판 배 화장식이 진짜로 있었다고 주장하는 인물이라고 인터넷에 나와 있지. 인터넷에는 많은 시간을 들여서 그의 말이 옳다고 주장하는 이들이 꽤 있어. 아마드 이븐 파들란은 10세기 아랍의 여행자이자 작가로서 많은 기록을 남겼대. 그중에 루스에 관한 기록도 있대. 루스는 게르만 북부의 바이킹 상인들을 가리켜. 이븐 파들란은 믿을 만한 역사 기록자가 아니야. 편견을 갖고 관찰하곤 했거든. 그는 바이킹이 "신체적으로 완벽한 표본"이라고 했지만, 위생 관념이 엉망이라고도 했어. 루스가 공들여서 족장을 화장하는 장례식 장면을 기록하기도 했지.

이븐 파들란에 따르면, 루스는 족장을 임시 무덤에 열흘 동안 안치했어. 족장이 아주 중요한 인물이니까, 부족 사람들은 그의 배를 뭍으로 끌어 올려서 나무 제단 위에 올렸어. 죽음의 천사(잠깐만, 이븐 파들란 씨. 여기서 죽음의 천사 이야기를 좀 더 해 주면 안 될까?)라는 장례식을 맡은 할머니는 배에 족장이 누울 요를 깔았어. 그 뒤에 족장을 무덤에서 꺼내어 옷을 갈아입힌 뒤, 요에 눕히고 그가 쓰던 무기들을 주위에 놓았대. 친척들이 횃불을 들고 와서 배에 불을 붙였고, 나무 제단부터 모든 것이 족장과 함께 불에 탔대. 여기서 중요한 점 하나. 이 모든 일은 땅 위에서 이루어졌다는 거야.

바이킹 장례식이라는 소문이 어떻게 시작되었는지는 아무도 몰라. 바이킹은 정교한 화장 풍습을 지녔어! 배도 있었어! 다만 배를 바다에 띄우고 불 질러 화장하는 풍습만 없었어.

무슨 생각을 하는지 알아. '알겠어. 내 장례 계획이 역사적으로 볼 때 좀 안 맞는다는 거잖아. 그럼 바이킹 장례식이라고 안 하면 되지 뭐. 그래도 배에 불을 질러서 화장하자!' 잠깐, 좀 기다려. 내 사후 방화광 친구여. 배를 불태워서 화장하는 풍습이 어느 문화에도 없는 이유가 있어. 제대로 될 리가 없기 때문이지.

나는 탁 트인 곳에서 장작을 쌓고 화장하는 광경을 본 적이 있어. 불을 붙인 뒤 처음 15분 동안은 정말 입이 쩍 벌어질 만큼 활활 타오르라. 시신 주위로 연기가 휘몰아치면서 붉은 불길이 솟구치지. 그러니까 할리우드에서 이렇게 말하는 것도 당연하지 않겠어? "정말 끝내주는 장면 아니야? 그렇다면 배 위에서 해도 되지 않겠어?" 여기서 중요한 점은 바로 이거야. 시신이 완전히 타려면 처음 15분 동안 활활 타오른 뒤에도, 장작을 계속 집어넣으면서 몇 시간 동안 불길을 유지해야 한다는 거야. 카누는 대개 길이가 5미터쯤 돼. 처음 불을 붙이는 데 쓸 장작 정도는 충분히 실을 수 있어. 하지만 전문가(화장용 장작을 담당하는 사람들)에게 물어보니까 시신이 완전히 타려면 적어도 1톤의 장작이 필요하대. 불길이 650도까지 올라가서 두세 시간 동안 유지되어야 해. 그러니까 그 시간 동안 시신 주위로 장작을 계속 집어넣어야 한다는 거지. 장작을 높이 쌓는다고 해도, 길이 5미터의 바이킹 배에는 그만한 양의 장작을 실을 수가 없어. 게다가 불은 시신을 태울 만큼 충분히 뜨거워지기 전에 배에 구멍을 낼 가능성이 높아. 그것만 해도 이 화장 방식 자체는 비효율적이야. 화장용 배가 너무 빨리 타 버리면 어떻게 될까? 반쯤 숯이 된 시신이 물을 따라 동동 떠가겠지? 어떤 가족이 바닷가로 쉬러 왔는데 그 앞으로 할머니 시신이 밀려간다고 상상해 봐. 낭만적인 역사적 장례는 엉망진창이 되겠지.

안 좋은 소식이라서 미안. 그리고 이런 아쉬운 소식을 전하는 나 자신이 정말 싫다니까. 그러니까 대신할 수 있는 장례 방식을 몇 가지 말해 줄게.

첫째, 할머니를 평범한 화장로에 넣어서 화장하는 거야. 할머니를 화장로 안으로 넣는 광경을 지켜본 뒤, 불이 붙기 시작할 때 바이킹 군가를 부를 수 있어. 이렇게 지켜볼 수 있는 소각장도 있거든. 나중에 화장된 유골을 작은 모형 바이킹 배에 싣고 불을 붙여서 물 위로 띄워 보내는 거야. 배가 불타면 재는 물속으로 흩어지겠지. (주의: 하천이나 바다에서 무언가에 불을 질러서 띄우라고 권하는 것은 절대로 아냐. 그냥 그러면 멋질 수도 있다고 상상해서 말한 것일 뿐이야.)

둘째, 화장하기 전에 할머니의 손톱과 발톱이 잘 깎였는지 확인해. 북유럽 신화에는 대규모 전투로 신들이 죽고 세계가 멸망하는 라그나뢰크에 대한 이야기가 나와. 그 전투 때 복수심에 불타는 군대가 나글파르라는 거대한 배를 타고 온대. 나글파르는 손톱 배라는 뜻이야. 맞아. 그 전투선은 죽은 이들의 손톱과 발톱으로 만들어졌어. 따라서 할머니의 손톱이 우주 종말에 기여하지 않기를 원한다면, 손톱깎이로 잘 다듬어. 이런 일들을 한다면 '바이킹 장례식'까지는 아니지만, 적어도 불타는 배를 마련하고 영웅적인 손발톱 손질은 해 드린 거잖아?

동물은 왜 무덤을 파헤치는 거지?

네가 말하는 것이 어떤 종류의 무덤이냐에 따라 달라. 고양이나 개, 물고기('변기장'을 피할 수 있었다면) 같은 반려동물을 묻었을 때에는 코요테 같은 야생 동물이 무덤을 파헤칠 수도 있어. 코요테는 무덤을 망가뜨리려는 못된 행동에 나선 것이 아니라, 그저 공짜 먹이를 찾고 있는 것뿐이야. 그러니까 뒤뜰에 아주 얕게 묻은 개 피도의 무덤을 코요테가 파헤치는 것은 그 친구의 잘못이 아니야. (쯧, 좀 더 깊이 묻었어야지.)

동물이 흙 속에서 썩기 시작하면, 카다베린(cadaverine)과 푸트레신(putrescine)이라는 몹시 지독한 냄새를 풍기는 화합물이 생겨. 카다베린은 '시체(cadaver)', 푸트레신은 '부패(putrid)'라는 영어 단어에서 나왔어. 멋지지? 청소동물에게 이런 부패 화합물에서 나는 냄새는 아주 맛있는 먹이가 있다는 걸 알려 주는 신호야. 그리고 이런 동물들이 먹이를 쉽게 파낼 수 있다는 사실까지 알면 당연히 파헤치겠지. 안 그래?

이 문제를 해결하는 방법은 간단해. 피도가 영원한 안식을 취하도록 좀 더 깊이 묻는 거야(얼마나 깊이 묻을지는 조금 뒤에 알려 줄게).

그런데 사람의 공동묘지는 어떨까? 공동묘지는 거의 어느 지역에나 있지만, 갓 매장한 시신을 파먹겠다고 공동묘지를 돌아다니는 청소동물은 좀처럼 보지 못했을 거야.

그런 일이 불가능하다고 말하는 것이 아니야. 러시아와 시베리아의 외딴 지역에서는 무장 경비원이 공동묘지를 지켜야 해. 무덤을 파헤쳐서 시신을 먹으려는 흑곰과 불곰을 쫓기 위해서지. 어느 날 마을 여성 두 명이 털가죽 외투를 입은 몸집 큰 남자가 무덤 앞에 몸을 숙이고 있는 것을 보았대. 사랑하는 이의 무덤을 돌보는구나 생각했지. 아, 하지만 아니었어. 무덤에서 파낸 시신을 먹고 있던 곰이었지! 미안, 친구들.

플로리다주 브레이든턴에서도 비슷한 목격담이 나왔어. 지역 공동묘지 무덤 중 여섯 기에서 개나 코요테가 주변을 서성거린 흔적이 발견된 거야. 갓 파헤친 구멍이 보였고 지독한 냄새가 흘러나왔지. 시신낭 일부가 땅 위로 드러나기도 했어.

이 두 섬뜩한 이야기는 한 가지 중요한 점을 말해 줘. 그 법칙에 예외가 있다는 거지. 대개 동물은 사람의 무덤을 파헤치지 않아. 몇 가지 이유가 있어. 첫째, 시신 위로 냄새가 빠져나가지 못할 만큼 흙이 덮여 있어서야. 둘째, 흙은 냄새를 아주 잘 차단할 뿐 아니라 시신을 분해하는 일에도 도움을 줘. 그래서 냄새 없는 뼈대만 남게 돼. 흙이 마법을 부리는 거지.

진짜 문제는 무덤을 얼마나 깊이 파면 충분할까 하는 거야. 안전하게 하려면 최대한 가장 무거운 관에 넣고서 약 2미터 깊이로 묻은 뒤에 콘크리트로 감싸야 하지 않을까? 아니. 흙의 마법은 지표면 근처에서 가장 효력을 발휘해. 시신을 효율적으로 분해하여 뼈만 남기는 곰팡이, 곤충, 세균이 가장 많은 곳이야. 시신을 너무 깊이 묻으면, 분해할 생물이 없는 흙에 묻는 것이나 마찬가지야. 표토에는 산소가 더 많아. 네 몸이 나무…… 또는 덤불…… 적어도 풀은 될 수 있다는 거지. '지구와 하나'가 되려면 가능한 한 지표면 가까이에 묻히기를 바라야 해.

그렇다면 타협점은 어딜까? 시신을 약 2미터 깊이로 묻어야 한다고 주장하는 이들도 있고, 30센티미터면 냄새를 막기에 충분하다고 말하는 이들도 있어. 나는 둘 사이에 1미터쯤이 타협점이라고 생각해. '1미터면 먹이가 되지 않는다!' 그런 옛말이 있어. (덧붙이자면 잘 알려진 격언은 아니야.) 이 깊이라면 지표면 가까이에서 흙이 펼치는 분해 마법을 누리면서도, 최소한 60센티미터의 냄새 장벽을 만들어 주는 셈이야. 미국 매장지의 표준 깊이는 1미터야. 동물이 거기까지 파 들어갔다는 사례는 없지.

솔직히 말할게. 60~90센티미터 깊이로 묻는다고 해도, 동물이 네 냄새를 맡을 가능성은 여전히 있어. 가끔씩 코요테 같은 동물의 발자국이 묘지 주변에서 발견되곤 해. 마치 이렇게 말하듯이 말이야. “음, 여기 뭔가 있겠는데?” 하지만 무덤을 파헤치지는 않아. 일이 너무 많다는 것을 아니까. 이런 식으로 생각하면 돼. 농산물 시장에서 산 유기농 재료로 시금치 케일 볶음밥을 직접 요리하는 대신에 그냥 편의점에 가서 도시락을 사 먹는 이유가 뭘까? 청소동물이 다른 곳에서 먹이를 구할 수 있다면, 굳이 흙을 60센티미터나 파헤쳐서 사람의 커다란 엉덩이를 낑낑거리며 끄집어내려 애쓸 이유가 없을 거야. 자신들의 영역과 스스로를 지키는 일 등 신경 써야 할 게 많거든. 네 넙다리를 씹겠다고 커다란 구멍을 파는 일에 쓸 시간도 에너지도 없어. 게다가 코요테와 곰 같은 동물들은 몸이 깊은 구멍을 파는 데 맞지 않아.

그렇다면 시베리아의 곰은 왜 묘지 주위를 어슬렁거릴까? 첫째, 무덤을 충분히 깊게 파지 않아서야. 북쪽 지방은 땅이 꽁꽁 얼어 있곤 하니까. 무덤이 얕다면, 곰에게는 사냥보다 할아버지의 시신을 파내는 쪽이 더 쉽겠지(곰은 원래 앞발로 땅을 파는 데 별 소질이 없거든). 둘째, 훨씬 더 중요한 점은 곰이 굶주렸다는 거야. 시베리아의 곰이 으레 먹는 버섯과 물열매(그리고 이따금 개구리)는 구할 수 있는 기간이 짧아. 그래서 곰은 유족이 묘지에 남긴 제사 음식들을 훔쳐 먹기 시작했지. 과자에서 양초까지 닥치는 대로 먹어 치웠어. 살려면 무슨 짓을 못 하겠어? 그렇게 쉽게 구할 수 있는 먹이가 사라지자 무덤을 파헤치기 시작했어.

그러면 플로리다주의 한 공동묘지에서는 어떤 일이 일어난 것일까? 그곳은 관리가 안 된 채로 오랫동안 방치된 공동묘지였어. 그런데 어느 날부터 새 무덤이 생기고, 썩은 내가 풍기고, 시신낭이 보이기 시작했지. 알고 보니 동네 장례식장에서 유족이 없는 이들의 시신을 거기에 파묻었던 거야. 버려진 공동묘지라서 당국은 눈여겨보지 않았고, 장례식장은 귀찮으니까 무덤을 아주 얕게 파고서 시신을 묻었대. 그런 뒤에 그냥 시멘트 판으로 덮었지. 다행히도 플로리다주 브레이든턴에는 곰이 살지 않아! (있긴 있어, 하지만 아주 드물어.)

이왕 말이 나왔으니까, 중세 때 무덤에서 뼈를 캐내곤 했다는 오소리에게서 얻은 교훈을 전하고 이 글을 끝내기로 할게. 당시 사람들은 교회 바로 바깥에(또 교회 안에도) 시신을 묻곤 했어. 땅이 부족할 정도로 아주 많이 묻었지. 1970년대, 영국에서는 13세기에 지어진 한 교회 주변의 유골들을 모두 다른 곳으로 옮겼어. 그런데 알고 보니 전부가 아니었어. 오소리들이 땅속에 이리저리 굴을 파는데, 거치적거리는 것이 많았던 거야. 사람의 뼈였지. 그들은 골반, 넙다리뼈 등을 땅 위로 휙휙 내던졌어. 누가 오소리들을 막아야 하지 않나? 휴, 불가능해. 영국에서는 오소리를 잡는 것이 불법이거든. 다른 곳으로 옮기는 것도 마찬가지야. 오소리 보호법이 있어서(정말이야, 진짜로 있어) 오소리를 공격하려고만 해도 6개월 동안 교도소에 갇히고 엄청난 벌금을 물 수 있어. 교회 직원들은 그 뼈를 주워서 기도를 한 뒤, 다시 땅에 묻곤 해. 여기서 어떤 교훈을 얻느냐고? 네가 거의 1,000년 동안 무덤에 고이 묻혀 있었다고 해도, 무법자 오소리에게 언제든 끌려 나올 수 있다는 거지.

죽기 전에 팝콘 봉지를 통째로 삼켰는데 화장장으로 가면 어떻게 될까?

네가 이런 질문을 하다니 수상쩍긴 해. 왜냐하면 최근 몇 년 전부터 인터넷에서 떠돌던 질문이거든. 유행하는 밈 중 하나야. 이런 글귀가 적힌 영화관 팝콘 봉지 사진이 떠돌아. "난 죽기 직전에 튀기지 않은 팝콘 봉지를 삼킬 거야. 화장장 전설로 남겠지."

무슨 뜻인지 알아들었어. 죽은 뒤에도 톡톡 튀는 특별한 존재로 남고 싶다는 거지? 팀, 넌 정말 괴짜 장난꾸러기야! 죽기 직전에 팝콘 봉지를 삼키다니 굉장할 거야. 그 상태로 화장로에 들어가면 팝콘이 불꽃놀이를 하듯이 시신에서 타닥타닥 터져 나오겠지? 그러면 화장장 직원은 깜짝 놀랄 거야. 그런 뒤에 고개를 끄덕이겠지. "팀, 정말 끝내줬어. 인정해 줄게."

하지만 잘 들어, 팀. 그런 일은 일어나지 않아. 이유는 여러 가지인데, 무엇보다도 네가 몸이 쇠약해져서 누워 있는 동안 신체 기관들은 계속 망가져 가. 죽기 몇 주 전부터 고체 음식은 삼킬 수 없게 돼. 그런데 갑자기 기운을 차리고는 요양원 식품 창고에 숨어들어 가서, 조약돌처럼 딱딱한 옥수수 낟알이 들어 있는 봉지를 삼킨다고? "자기, 미안한데. 마지막 숨을 내쉬면서 '사랑해'라고 속삭이기 전에, 이 팝콘을 꾸역꾸역 삼키고 싶은데. 어때?" 쯧쯧, 어려워.

설령 어찌어찌하여 팝콘 봉지를 통째로 삼킨다고 해도, 화장로에서 튀겨질 것이라고 확신해? 이 밈이 유행하는 이유는 화장로가 어떻게 생겼는지, 어떤 소리가 나는지, 어떻게 작동하는지 등을 사람들이 잘 모르기 때문이야. 팝콘 장난이 작동하려면, 팀의 몸이 소각되는 도중에 쩍 갈라져서 옥수수 낟알들이 흩어진다고 믿어야 할 거야. 또 전자레인지에 넣은 팝콘 봉지에서 타닥타닥 하고 계속 팝콘이 터지듯이 연달아 소리가 날 것이라고 믿어야 해. 학교 축제 때 장난꾸러기들이 장식용 분수에 비누를 집어넣자, 비눗방울이 쏟아져 넘치는 것처럼 말이야. (내가 계산해 보니까 그렇게 멋진 인상을 남길 만큼 팝콘이 잇달아 터지려면 적어도 5.6킬로그램의 옥수수 낟알을 삼켜야 해.) 이 장난의 또 한 가지 핵심 요소는 화장로 안에서 팝콘이 시끄럽게 계속 터지는 소리에 직원이 누가 화장장을 습격한 것이 아닐까 놀라게 된다는 거지.

하지만 그런 일은 결코 일어나지 않을 거야. 이유는 두 가지야. (실제로는 아주 많긴 하지만, 여기서는 두 가지만 말할게.)

첫째, 화장로는 무게가 14톤이나 나가는 무거운 장치야. 거대한 버너와 연소실을 갖추었고, 시신을 벽돌로 된 연소실 안에 넣고 잠그는 두꺼운 금속 문이 달려 있어. 화장로는 소음이 엄청나. 정말로 시끄러워. 너와 함께 팝콘 마흔일곱 봉지를 집어넣는다고 해도, 밖에는 팝콘 터지는 소리가 아예 들리지 않을 거야.

둘째, 더욱 중요한 점은 설령 팝콘이 터지는 소리를 들을 수 있다고 해도, 아무도 신경 안 써. 탁 하고 터지는 것이 아니니까! 사람들이 팝콘을 먹다가 가장 투덜거리는 게 뭘까? 봉지 바닥에 안 튀겨진 낟알이 남아 있다는 거지. 팝콘이 맛있게 튀겨지려면 조선이 딱 맞아야 해. 옥수수 낟알이 딱 맞게 마른 상태로 있어야 하지. 그런데 팝콘 봉지가 축축하고 꽉꽉 눌러 대는 위장 안에 걸려 있다면? 마른 상태일 리가 없잖아.

연구자들(열역학 분석을 하는 공학자들…… 알아, 그냥 넘어가)은 팝콘을 튀기기에 딱 좋은 온도가 180도임을 알아냈어. 오븐 기름에서 팝콘을 튀긴다면, 기름 온도가 200도를 살짝 넘어야 해. 그보다 훨씬 더 높으면 팝콘이 터지기 전에 타 버릴 거야. 그런데 화장로의 평균 온도는 925도야. 팝콘이 튀겨지는 온도보다 세 배 이상 더 높아. 게다가 불기둥이 연소실 천장에 닿았다가 내려와서 가슴과 위장을 태워. 낟알 따위는 그냥 까맣게 타서 흔적도 없이 사라져. 몸의 부드러운 조직들처럼 말이야.

팀, 지금 네 장난스러운 기분을 망치고 있지만 전혀 미안하지 않아. 애초에 넌 화장장 직원을 골탕 먹이려고 한 거니까. 20대 때 화장장에서 일했던 터라 나는 그 일이 엄청 힘들다는 것을 알아. 지저분하고 뜨거운 곳에서 온종일 시신을 넣고 꺼내어, 울고 있는 유족에게 건네는 일을 하지. 네 어리석은 짓까지 받아 줄 겨를이 없어!

하지만 화장장 직원이 들을 정도의 폭발을 일으켜서 그 사람을 더욱 지치게 만들고자 한다면? 굳이 터지지 않을 옥수수 낟알을 몸에 넣을 필요가 없어. 대신에 몸에 심장 박동기를 넣으려고 해 봐. (주의: 내가 그렇게 하라고 권하는 것은 결코, 절대, 정말로 아니야. 그냥 농담하는 거야. 나도 농담할 줄 알거든.)

심장 박동기는 심장 박동을 조절하는 데 도움을 줘. 필요할 때 심장을 더 빨리 뛰게 하거나 느리게 하지. 작은 쿠키만 한 아주 귀여운 장치야. 기본적으로 배터리와 발전기와 전선 몇 개로 이루어졌어. 수술로 몸에 집어넣지. 심장 박동에 이상이 생겼을 때, 목숨을 구해 줄 수 있어. 그런데 시신을 화장로에 넣기 전에 심장 박동기를 떼어 내지 않으면, 작은 폭탄처럼 터질 수 있어.

나는 시신을 화장로에 넣기 전에, 서류를 살펴보면서 심장 박동기를 달았는지 알아보고, 심장 바로 위쪽을 눌러 보기도 해. 심장 박동기가 달려 있으면, 칼로 째서 떼어 내야 해. 걱정 마. 시신은 죽은 사람이니까 상관하지 않을 거야. 심장 박동기는 드물지 않아. 해마다 70만 명이 넘는 사람이 달아. 그러니 심장 박동기를 미처 떼어 내지 못한 상태로 화장로에 들어가는 시신도 당연히 있겠지.

그런 일이 일어나면, 높은 열 때문에 심장 박동기에서 화학 반응이 일어나서 터질 수 있어. 배터리가 에너지를 저장하고 있다는 것은 알지? 여러 해 동안 심장 박동기를 작동시킬 만큼 들어 있어. 펑! 그 에너지가 한순간에 방출되는 거지. 그런 폭발이 일어나면 직원은 깜짝 놀라거나 다칠 수도 있어. 화장이 제대로 진행되고 있는지 들여다볼 때 그런 일이 발생하면 특히 그래. 폭발로 인해 화장로 문이나 벽돌이 깨질 수도 있어.

딤, 나는 네가 심장 박동기를 날 일이 없기를 바라. 사후 장난도 좀 덜 심한 것으로 했으면 좋겠어. 죽고 2주쯤 뒤에 트위터에 이런 말이 올라오게 하는 것은 어때? "네가 뭘 하든 계속 지켜보겠어." 그 정도로도 충분해.

TICKET
OO의 인생 상영회
(및 장례식)
좌석:E06
주의 : 슬픔의 눈물 금지!
팝콘 교환권

유족과 친구 여러분,
고인의 뜻에 따라
화장 절차를 진행하겠습니다.

곧 영화가 시작하니
자리에 앉아 주세요.

사랑하는 여러분.
내 삶을 기록한
영화를 만들었어.

함께했던 시간들을
웃으며 추억했으면 좋겠다!

집을 팔 때, 살 사람에게 누군가가 그 집에서 죽었다는 말을 해야 할까?

이 글을 쓰는 지금 로스앤젤레스의 우리 동네에는 새로운 고급 콘도들이 지어지고 있어. 엄청 비싸면서 별로 매력적이지 않지만(하얗고 커다란 플라스틱 용기를 생각하면 돼) 거기에서 죽은 사람이 아무도 없다고는 확신할 수 있지. 아직까지는 말이야.

전문가의 한마디: 죽은 사람이 아무도 없는 집에서 살고 싶다면, 새 집을 사. 짓는 과정을 지켜본 곳이라면 더 좋지. 수십 년 전에 지어진 매혹적인 주택이나 빅토리아 여왕 시대의 대저택에 산다면, 네가 TV를 보면서 팝콘을 먹는 바로 그 자리에서 누군가 마지막 숨을 내쉬었을 가능성이 얼마든지 있으니까. 그리고 아무도 네게 그 이야기를 해 줄 필요가 없거든.

집을 팔 때 살 사람(매수자)에게 법적으로 무엇을 안내해야 할까? 나라마다 지역마다 달라. 일반적으로 말해서, 누군가가 집에서 '평온한 죽음'을 맞이한다면(도끼 살인자에게 당하지 않았다는 뜻이야) 팔 사람(매도자)은 매수자에게 알릴 필요가 없어. 사고로 죽거나(예를 들어, 계단에서 굴러떨어져서) 자살해도 마찬가지야. 살던 사람이 에이즈로 사망했다고 해도 매수자에게 알려 주어야 한다고 정한 지역은 미국에 없어. 부동산에서는 쓸데없이 안 좋은 소문이 돌 수도 있으니까, 살던 사람이 죽었다는 말을 하지 말라고 매도자에게 조언하기도 해. 매수자에게 영화 「샤이닝」의 승강기처럼 피범벅이 된 섬뜩한 범죄 현장이나 유령을 떠올리게 하고 싶은 매도자는 없어.

죽음은 많은 집에서 일어났어. 네가 상상하는 것보다 훨씬 더 많을 거야. 아마 네가 이 책을 읽고 있는 집에서도 누군가가 죽었을 수 있어. 예전에는 사람들이 병원이나 요양원이 아니라 주로 집에서 죽음을 맞이했다는 점을 생각해 봐. 따라서 네 집이 지어진 지 100년이 넘었다면, 집 안에서 누군가가 죽음을 맞이했을 가능성이 매우 높아.

집에서 평온하게 죽음을 맞이한다면, 사랑하는 사람들이나 호스피스 도우미가 옆에 있었을 거야. 임종하면 부패가 심하게 일어나기 전에 시신을 집 밖으로 옮겼어. 이런 죽음에서는 유령 이야기 따위가 나올 일이 없지.

설령 어떤 이유로 심한 부패가 발생했다고 해도, 노련한 청소원들이 꼼꼼하게 닦고 씻어 내기 때문에, 지금 네가 틀어박힌

방에 썩어 가는 시신이 있었다는 것을 결코 알 수 없어.

예를 들어, 내 친구는 로스앤젤레스의 한 아파트 5층에 산 적이 있어. 그 친구를 제시카라고 부를게. 어느 봄날 제시카는 아파트에서 이상한 냄새를 맡았어. 처음에는 그냥 고양이 배변 상자를 좀 더 잘 청소해야겠다고 생각했지.

그런데 곧 냄새가 바로 아래층에서 올라온다는 것이 분명해졌어. 그 집에 홀로 살던 사람이 죽었는데, 2주가 넘도록 아무도 몰랐던 거야. 낡은 아파트 마룻바닥 사이로 썩은 냄새가 퍼졌던 거지. 누군가 관리소에 신고를 했고, 시신은 치워졌어.

제시카는 궁금해서 소방 계단으로 내려가서 열린 창문 너머로 죽은 사람이 살던 집을 들여다보았어. 검시관이 시신을 옮기고 남은 흔적이 보였지. 바닥에 짙은 검은 얼룩이 번져 있었고, 그 액체 위에서 구더기들이 꿈틀거리고 있었어.

당연히 그런 상태로는 그 집에 들어가 살고 싶을 리가 없겠지. 하지만 두 달 뒤에는 구석구석까지 꼼꼼히 청소가 되어 있을 테고, 다시 누군가 살러 들어올 거야. 제시카는 이사 온 사람들을 만났어. 새집이 어떠냐고 물었지. 그들은 아주 좋다고 답했어. 안 좋은 냄새 같은 것은 전혀 안 난다고 했지. 제시카는 전에 살던 사람이 어떻게 되었는지 말하지 않기로 했어.

그 이웃들이 자기 집에서 누군가가 죽었다는 것을 알고 있었을까? 캘리포니아주에서는 3년 사이에 집에서 사망한 사람이 있다면 알려야 한다고 법으로 정했어. 법에 이 조항이 있는 주는 캘리포니아뿐이야. 모른 채 새로 들어온 사람이 그 집에서 일어난 죽음 때문에 피해를 입었다고 느끼면, 소송을 걸 수도 있어. 그러니까 집주인으로서는 집을 내놓기 전에 누가 죽었다는 내용을 미리 알리는 것이 나중에 혹시라도 있을 소송을 피하는 유일한 방법인 거지. 하지만 그 아파트의 집주인이 그런 법을 몰라서(또는 무시해서) 말을 안 했을 수도 있어.

미국의 조지아 같은 몇몇 주에서는 집에 세 들 사람이 최근에 죽은 사람이 있는지 물을 때에만 집주인이 알려 줄 의무가 있어. 묻지 않으면, 굳이 솔직히 말할 필요가 없다는 거야. 네가 들어오라고 초대를 해야만 뱀파이어가 집에 들어올 수 있는 것과 비슷하다고나 할까? 제시카 이야기의 교훈은 새집을 구할 때 누군가 그 집에서 최근에 죽지는 않았는지 걱정된다면, 집주인에게 물어보라는 거야.

그런데 정직하게 대답하도록 법으로 정한 주가 있는 반면, 그렇지 않은 곳도 있어. (오리건이 그래.) 오리건주에서는 누가 언제 죽었는지 말할 필요가 없어. 아무것도 알려 주지 않아도 된다는 거지. 야만적이고 폭력적인 죽음도 포함돼. 살인이든 자살이든 평온한 죽음이든 상관없어.

부동산 중개업 용어로 '중요 사실'이라는 것이 있어. 매수자의 주택 구입 의사에 영향을 미칠 사항들을 말해. 토대에 난 균

열이나 보이지 않는 구조 문제 같은 것일 때가 가장 많아. 그런데 네가 어느 주에 사느냐에 따라 살인 같은 폭력적인 죽음도 중요 사실이라는 범주에 들어갈 수 있어. 즉 매수자에게 알려야 하는 사항이라는 뜻이지. 하지만 평온한 죽음이나 사고사는 대개 중요 사실에 포함되지 않아.

끔찍한 살인이 저질러진 곳은 '낙인찍힌 물건'이 될 수 있어. 즉 '평판이 나쁜' 집이지. 폭력 범죄 기록이 있거나 귀신이 나온다는 집도 그래. 매도자는 2008년에 세 명이 살해당했다는 이야기를 하고 싶지 않겠지만, 듣지 못한 채 집을 사려던 사람이 동네 사람들로부터 그 이야기를 듣는다면('평판'이 무슨 뜻인지 알겠지)? 그 점을 토대로 계약을 철회하거나 이미 계약했다면 소송을 걸 수도 있다는 뜻이야. 여기서도 네가 어느 주에 사는지에 따라서 상황이 달라.

사실 내가 할 수 있는 가장 좋은 조언은 네가 언젠가는 누군가가 죽은 집에서 살게 될 수 있다는 사실을 그냥 편하게 받아들이라는 거야. 괜찮으니까. 우리 엄마는 부동산 중개인이야. 방금 90세 노인이 사망한 집을 중개했어. 엄마는 집을 사려는 사람들에게 그 이야기를 했고(안 해도 동네 사람들이 한다는 것을 잘 아니까), 그들은 그 점을 염두에 두고서 집을 둘러보았지. 그리고 괜찮다면서 다시 와서 계약했어. 돌아가신 할머니는 그 집을 무척 사랑해서 그곳에서 삶을 마감하려고 한 것이 틀림없었을 테니까.

나도 집에서 평온하게 삶을 마감하고 싶어. 아, 물론 죽어서 유령이 되어 그 집에 머물고 싶은 계획은 없어. 그래도 살까 말까 하는 집에서 누군가 죽었을지 모른다는 생각에 겁난다면, 그냥 속 편하게 부동산 중개인이나 집주인에게 물어봐.

오리건주에 살지 않는다면.

내가 그냥 혼수상태에 빠졌을 뿐인데 실수로 나를 묻는다면 어떻게 될까?

좋아, 우선 명확히 하자고. 너는 산 채로 묻히고 싶지 않아. 맞지? 알았어.

다행스럽게도 너는 현대에 살고 있어! 20세기 이전 의사들은 사람이 죽었다고 선언할 때 틀린 적도 있었거든. 그들이 누군가가 진정으로, 확실하게, 맹세코 죽었는지를 판단하는 데 썼던 검사법은 수준도 낮았을 뿐 아니라 끔찍했어.

직접 한번 살펴볼까? 재미있는 사망 검사법을 몇 가지 알려 줄게.

- 바늘을 발톱 밑 또는 심장이나 위장에 쿡 찔러 넣어.
- 발을 칼로 베어 내거나 빨갛게 달군 부지깽이로 지져.
- 익사한 사람에게는 담배 연기 관장 요법을 써. 몸을 데우면 다시 숨을

쉴 수 있는지 알아보기 위해 말 그대로 '항문에 담배 연기를 불어 넣는' 방법이야.

- 손을 불로 지지거나 손가락을 잘라 내.

그리고 내가 개인적으로 좋아하는 방법도 있어.

- 종이에 보이지 않는 잉크(아세트산 납으로 만든)로 "나는 진짜 죽었어"라고 쓴 뒤, 시신의 얼굴을 덮어. 이 방법의 창안자는 시신이 썩고 있다면 이산화 황이 새어 나와서 글자가 드러난다고 했어. 안됐지만 산 사람도 이산화 황을 뿜어낼 수 있어. 충치가 있는 사람이 그래. 따라서 살아 있는 사람을 죽었다고 판단할 수도 있는 거지.

이런 '검사'에 눈에 띄게 반응하거나 깨어나거나 숨을 내쉰다면? 만세! 넌 죽지 않은 거야! 하지만 장애를 입었을지 몰라. 그리고 심장이 바늘에 쿡 찔렸다면, 살아 있었다고 해도 죽을 가능성이 높지.

하지만 찌르고 베어 내고 항문으로 연기를 불어 넣는 등의 온갖 통과 의례를 거치지 않은 채, 그냥 100퍼센트 죽었다고 판단되어 무덤으로 곧장 보내지는 가여운 영혼들은 어떨까?

매슈 월의 이야기를 들어 봐. 그는 16세기 영국 브로잉에 살았어(그래, 살아 있었어). 사람들은 매슈가 죽었다고 생각했는데,

관을 묘지로 운구하던 사람들이 그만 젖은 낙엽에 미끄러지는 바람에 관을 떨어뜨렸어. 매슈에게는 정말로 행운이었지. 관이 바닥에 쿵 하고 떨어졌을 때, 매슈가 깨어나서 꺼내 달라고 관 뚜껑을 두드렸대. 그 지역에서는 매슈가 부활한 10월 2일을 오늘날까지 기념하고 있어. 올드 맨의 날이라고 해. 매슈는 24년을 더 살았대.

이런 이야기들을 듣다 보면, 일부 문화에 극도의 무덤 공포증이 있는 것도 이해가 가. 산 채로 묻힐 것이라는 두려움을 말해. 매슈는 운 좋게도 '몸'이 무덤에 들어가지 않았지만, 안젤로 헤이스는 아니었어.

때는 1937년이었어. 맞아, 옛날 옛적이 아니라 1937년이야. 적어도 네가 태어나기 전이긴 하지만. 프랑스의 안젤로 헤이스는 모터사이클을 타다가 사고를 당했어. 의사가 맥박을 짚었는데 뛰지 않았어. 그래서 사망 선고를 했지. 안젤로는 곧 묻혔고, 몸이 심하게 망가져서 부모에게는 보여 줄 수 없었어. 생명 보험사가 혹시 사기가 아닌가 하고 의심하지 않았다면, 그는 그대로 영영 묻혀 있었을 거야.

안젤로를 매장하고 이틀 뒤, 보험사는 사망 여부를 조사하기 위해 무덤을 팠어. 그런데 '시신'을 살펴보던 검시관들이 깜짝 놀랐어. 몸이 아직 따뜻했던 거야. 살아 있었던 거지!

안젤로가 생존할 수 있었던 이유에 대한 과학적 이론은 그가 매우 깊은 혼수상태에 빠져서 호흡 속도가 느려졌다는 거야.

느린 호흡 덕분에 땅속에서도 살아남았다는 거지.* 그는 회복해서 오랫동안 살았고, 묻힌 경험에 착안해서 무선 송신기와 화장실을 갖춘 '안전 관'을 발명하기도 했어.

다행히도 21세기인 지금은 혼수상태에 빠진 사람이 죽으면, 매장하기 전에 정말로 죽었는지 확인할 방법들이 아주 많아. 하지만 검사했을 때 살아 있다는 결과가 나온다고 해도, 네 상태는 너나 식구들에게 별 위안이 안 될 수도 있어.

언론과 TV에서는 '혼수상태'와 '뇌사'라는 용어를 혼동해서 쓰곤 해. "내가 진정으로 사랑하는 클로이는 혼수상태에서 결코 깨어나지 못할 거야. 나는 지금 클로이의 생명 연장 장치를 꺼야 할지 결정을 내려야 해." 이런 할리우드 의학 드라마는 두 증상이 동일한 듯이 말하고 있어. 죽음에서 겨우 한 발짝 떨어져 있을 뿐이라고 하면서. 그렇지 않아!

둘 중에서 네가 진정으로 빠지고 싶지 않은 상태는 뇌사야. (물론 솔직히 말하면, 둘 다 좋지는 않지.) 뇌사는 일단 일어나면, 결코 회복되지 않아. 기억과 행동을 빚어내는 뇌의 모든 고등한 기능이 사라질 뿐 아니라 생각도 말도 할 수 없어. 심장, 호흡, 신경계, 체온, 반사 작용처럼 그저 생명을 유지하는 뇌의 모든 하등한 자율

* 산 채로 묻혔는데, 정상적으로 호흡한다면 질식해 죽을 가능성이 높아. 사람은 관 속에 남은 공기로는 기껏해야 다섯 시간 남짓밖에 못 살거든. 산 채로 묻히는 바람에 겁에 질려 가쁘게 숨을 쉰다면 산소가 더 빨리 사라지겠지.

적인 기능도 사라져. 뇌는 수많은 생물학적 활동들을 맡아서 해. 그래서 우리는 "살아야 해, 살아야 해……"라고 끊임없이 되뇌고 있을 필요가 없어. 뇌사가 일어나면, 이 모든 기능을 인공호흡기와 카테터 같은 병원 장비들이 대신 맡아서 하게 돼.

뇌사 상태에 빠지면 회복이 불가능해. 뇌사가 일어나면, 죽은 거야. 회색 지대 같은 것은 없어(뇌의 회백질이 떠올라서 농담한 거야). 즉 뇌는 죽었거나 살았거나 둘 중 하나라는 거지. 반면에 혼수상태는 법적으로는 완전히 살아 있는 상태야. 혼수상태에서는 뇌가 여전히 활동해. 의사들이 외부 자극을 주었을 때 네 뇌의 전기 활동과 반응을 관찰할 수 있을 거야. 다시 말해, 몸은 여전히 호흡을 하고 심장도 뛰어. 회복되어 의식을 되찾을 가능성도 있지.

알겠어. 그렇다면 너는 이렇게 묻고 싶겠지? 아주아주 깊은 혼수상태에 빠진다면? 누군가 뇌사라고 보고서 내 생명 유지 장치를 끄고 영안실로 보내지 않을까? 마음이 갇힌 상태에서 몸도 관에 갇히게 되지 않을까?

그렇지 않아. 지금은 혼수상태에 빠졌는지, 진정으로 뇌사가 일어났는지를 확인하는 다양한 과학적 검사법이 있어.

몇 가지만 예를 들어 볼까?

- 눈동자가 반응하는지 알아보기. 눈에 밝은 빛을 비출 때, 눈동자가 수축하니? 뇌사일 때는 눈이 전혀 반응하지 않아.

- 면봉을 눈알 위로 천천히 움직여 봐. 깜박인다면, 살아 있는 거야!
- 구역질 반사를 검사해. 호흡 관을 목 안으로 밀어 넣었다 당겼다 하면서 웩웩하는지 알아보는 거야. 죽은 사람은 웩웩대지 않아.
- 바깥귀길로 얼음물을 집어넣어. 그럴 때 눈이 좌우로 빠르게 움직이지 않는다면 좋은 상태가 아니야.
- 자발적인 호흡을 검사해. 인공호흡기를 떼어 내면, 몸속에 이산화 탄소가 쌓이면서 본질적으로 질식하게 돼. 혈중 이산화 탄소 농도가 55mmHg에 이르면, 살아 있는 뇌는 대개 몸에 자발적으로 호흡을 하라고 말해. 호흡하지 않으면, 뇌줄기가 죽은 거야.
- 뇌파 검사에서는 뇌가 죽었거나 살았거나 둘 중 하나로 나와. 뇌에서는 전기 활동이 일어나든지 안 일어나든지 둘 중 하나야. 죽은 뇌에서는 전기 활동이 전혀 없어.
- 뇌 혈류량 검사. 혈액에 방사성 동위 원소를 주사해. 얼마 뒤 방사성 계수기를 머리 주위에 대면서 피가 뇌로 흘러가는지 알아보는 거야. 뇌로 피가 흐른다면, 뇌가 죽었다고 할 수 없지.
- 아트로핀 IV를 주사해. 그러면 살아 있는 환자의 심장은 더 빨리 뛰지만, 뇌사자의 심장 박동은 변하지 않을 거야.

이런 많은 검사에 반응하지 않는 사람은 뇌사라고 판정해. 지역에 따라서는 두 명 이상의 의사가 뇌사라고 확인해야 해. 여러 가지 검사를 하고 상세한 신체검사를 거친 뒤에야 '혼수상태'

환자인지 '뇌사' 환자인지가 결정되는 거지. 즉 요즘에는 심장에 바늘을 쿡 찔러 박고 "나는 진짜 죽었어"라는 종이를 얼굴에 덮는 것으로는 부족하다는 말이야.

뇌가 살아 있다는 것을 알아차리지 못한 채 혼수상태에 빠진 너를 병원 밖으로 내보낼 가능성은 매우 낮아. 혹시 내보낸다고 해도, 내가 아는 장례식장 관리자나 검시관 중에서 산 사람과 시신을 구별하지 못하는 사람은 아무도 없어. 나는 직업상 수천 구의 시신을 보았으니까 알려 줄게. 사망자는 지극히 예상할 수 있는 방식으로 죽어 있어. 그다지 안심이 안 되는 말처럼 들리지? 과학적으로도 들리지 않고. 하지만 그런 일이 네게 일어나지 않을 것이라고는 확신을 갖고 말할 수 있어. 너의 '기이하게 죽는 법' 목록에서 '산 채로 묻히기-혼수상태' 항목은 '지독한 땅다람쥐 사건' 다음으로 밀어 내릴 수 있어.

비행기에서 죽으면 어떻게 될까?

승무원이 비행기 비상구를 벌컥 열고서 낙하산을 달아서 네 몸을 밖으로 집어 던질까? 문밖으로 내버리기 전에, 너의 이름과 주소를 적은 작은 카드를 네 주머니에 넣을 거야. 거기에는 이런 글귀도 적혀 있겠지? "걱정 마세요. 난 이미 죽은 사람입니다."

(윽, 사실 확인에 몰두하는 사람들이 벌써부터 이것이 항공사의 공식 방침이 아니라는 전자 우편을 내게 보내고 있어.)

비행기에서 발생하는 대부분의 사망 사건은 추락 사고 때문이 아니야. 이 경우는 아주 드물어. 네가 당할 확률은 1,100만분의 1이야. 내가 비행기 추락 사고에 무척 관심이 많거든. 그리고 이 통계를 꺼내 든 이유는 그런 사고가 아예 일어나지 않는다는 뜻이 아니라 그만큼 비행기를 타도 안전하다는 거지.

하지만 매일 800만 명이 비행기를 타니까, 누군가는 비행기에서 심장, 폐, 노인 질환 등으로 사망할 것이 거의 확실해. 누군가가 대서양 상공에서 공짜로 나오는 탄산음료를 마시다 죽을 가능성도 언제나 있어. 몇 년 전 나는 로스앤젤레스에서 런던으로 가는 비행기를 탔어. 내 옆에 앉은 사람이 치킨 티카 마살라 요리를 먹은 뒤에 갑자기 통로 쪽으로 몸을 웅크리면서 먹은 것을 다 토하더니, 쓰러져서 꼼짝도 안 했어. 순간 이런 생각이 들었지. '맙소사, 실제 상황이야!' 나는 장례 지도사니까 런던까지 가는 동안 시신 옆에 앉아 있어도 그다지 개의치 않지만, 딱히 좋은 일도 아니잖아? 다행히 비행기에 의사가 타고 있었어. 의사의 조치 덕분에 신사는 회복되었지. 게다가 편안히 가라고 승무원이 일등석으로 옮겨 주기까지 했어. (나는 그 자리에서 티카 마살라 토한 냄새를 죽 맡으면서 가고 말이야.)

비행하는 동안 응급 환자가 생겼는지 사망자가 나왔는지에 따라 승무원은 다르게 대응할 거야. 아직 살아 있고 구할 수 있다면, 조종사는 기수를 돌려서 의료진과 병원이 있는 가장 가까운 공항에 착륙하려고 할 거야. 하지만 승객이 죽는다면? 비상 상황은 끝난 거야. 우리가 보라보라섬에 착륙할 때까지 계속 죽은 채로 있을 거잖아? 서두를 일이 뭐가 있겠어?

우연히도 죽은 사람이 바로 네 옆자리에 앉아 있다면, 너는 시신과 함께 여행하기라는 평생 겪기 힘든, 너무나도 초현실적인 경험을 하는 거지. 너는 승무원에게 이렇게 말하겠지. "귀찮게 해서 미안한데요, 남은 다섯 시간 동안 시신 옆에 앉아서 가겠다고 동의한 적이 없거든요." 마침 네가 창가 좌석에 앉아 있고, 시신이 복도 쪽 좌석에 앉아 있다고 해 봐. 갇힌 꼴이 되잖아? 걱정하지 마. 승무원이 즉시 시신을 눈에 안 보이는 곳으로 치우지 않겠어?

안됐지만, 그렇지 않아. 너는 계속 시신 옆에 앉아서 가게 될 것이라고 100퍼센트 장담해.

항공 여행이 더 편안했던 시절에는 비행기에 늘 빈자리가 몇 군데 남아 있곤 했어. 그래서 한 줄을 다 비우고 시신만 따로 옮겨 놓을 수 있었지. 요즘에는 달라. 비행기마다 빈자리 없이 꽉꽉 차 있지. 그럴 때 승무원은 항공 담요로 시신을 덮고서 꼭꼭 여며 준 뒤에, "다 했다"라고 할 거야.

"비행기에 시신을 보관할 은밀한 곳이 틀림없이 있지 않겠어?" 그렇게 물을 수도 있지. 그런데 비행기에 타 봤지? 꽉꽉 눌린 쥐포 신세가 되잖아? 화장실에 갖다 놓을 수도 없어. 바닥으로 축 늘어질 테니까, 착륙한 뒤에도 화장실 문을 열 수 없게 되지. 비행이 세 시간 넘게 이어지면 사후 경직이 일어날 테니까, 문 열기가 더욱 힘들어지겠지. 게다가 뻣뻣해진 할머니를 비행기 변기에 꽂아 놓는 것은 예의에 좀 어긋나지. 그러면 어떤 대안들이 남을까? 시신을 빈 줄로 옮기거나(빈 줄이 있다면) 네 옆에 앉히거나(다른 빈자리가 전혀 없다면) 뒤쪽 주방(음료 카트가 나오는 곳)으로 옮기는 거지. 승무원들이 주방에 시신을 뉘어 놓고 담요로 덮은 뒤, 커튼을 쳐 놓는 편이 가장 낫지 않을까?

예전에(이를테면 2004년) 싱가포르 항공사는 실제로 우리가 모든 비행기에 있으리라고 여기는 식의 비밀 시신 안치실을 설치한 적이 있어. 비행 도중에 죽는 사람이 나오곤 하니까, 승객들이 "그런 비극으로 마음의 상처를 받지 않도록" 시도한 거지. 안치실은 에어버스 A340-500기에 설치되었고, 착륙할 때 나뒹굴지 않도록 묶는 띠도 갖추어져 있었어. 이 기종은 당시 세계에서 가장 긴 항로를 운항했어. 중간에 내리는 일이 거의 없이 말이야. 싱가포르에서 로스앤젤레스까지 약 열일곱 시간을 날았지. 안타깝게도 이 기종은 없어졌고, 혁신적인 시신 안치실도 사라졌어.

죽은 사람과의 비행이라니 그다지 마음에 들지 않을 거야. 나는 시체와 함께해도 편안하고, 낯선 시신과 몇 시간 동안 나란히 앉아 갈 수도 있지만 말이야. 하지만 네가 시신과 함께 비행하면서도 알아차리지 못한 경우가 있다고 하면, 기분이 좀 나아지지 않을까? 네 짐 아래쪽 깊이 화물칸에 실린 시신을 말하는 거야. 시신은 늘 여기저기로 운반돼. 어떤 사람이 캘리포니아주에서 죽었는데, 미시간주에 묻히고 싶어 했다면? 또 뉴욕에 사는 사람이 멕시코로 휴가를 갔다가 사망했다면, 다시 뉴욕으로 운구해야 하겠지? 우리 장례식장에서는 늘 이런 식으로 시신을 각지로 보내곤 해. 항공기용 튼튼한 가방에 아주 안전하게 시신을 꾸려 넣고 공항에서 비행기에 태워 고향에 보내지. 네가 어떤 비행기를 타든 아래쪽에는 또 다른 승객이 탔을 수 있어.

마지막으로 한 가지 더. 승무원들에 따르면, 사실상 비행기에서 죽는 사람은 아무도 없대. 비행하는 도중에 누군가 사망하면, 승무원들은 온갖 귀찮은 일과 서류 작업에 시달려야 한다는 뜻이야. 전염병 우려 때문에 착륙하자마자 비행기 전체가 격리될 수도 있고. 경찰이 비행기를 범죄 현장이라 보고서 수사하기 위해 압류할 수도 있지. 미국의 한 범죄 수사 드라마에 나온 내용을 살펴볼까? 항공사는 승객이 하늘에서 사망했다고 인정하지 않았어. 대신에 공항에 착륙한 뒤에 사망 선고를 내릴 의료 전문가를 불러 달라고 요청했지. 규정이 그렇다나. 항공사는 승무원이 의사가 아니라서, 승객이 법적으로 사망했다는 선고를 내릴 자격이 없다고 주장했어. 승객은 세 시간 동안 숨을 쉬지 않았고, 이미 사후 경직까지 일어났지만, 사망했음을 증명하지는 않는다는 거였지!

이제 누군가가 비행기에서 죽으면 어떤 일이 벌어질지 감을 좀 잡았을 거야. 서울로 가는 비행기에서 내내 시신 옆에 앉아 있는 것이 딱히 완벽한 여행이라고 할 수는 없지만, 나는 우는 아기보다는 시신 옆을 택할래. 아기가 싫어서가 아니야. 그냥 시신 옆에서 더 많은 시간을 보내고 싶어서야.

묘지의 시신이 우리가 마시는 물맛에 안 좋은 영향을 미칠까?

잠깐. 너는 큰 컵에 담긴 맛 좋은 시신 물을 싫어하는 거야?

알았어, 좋아. 식수원 가까이에 시신이 있는 것을 좋아하는 사람은 없겠지. 죽음을 얼마나 잘 받아들이느냐에 상관없이, 그런 생각을 하면 기분이 찝찝하지. 우리는 세계 어느 지역에서 시신이 식수원을 오염시키고 있다는 오싹한 소식을 이따금 듣곤 해. 콜레라는 식수원 오염의 완벽한 사례야. 진짜로 걸리고 싶지 않은 병이지. 콜레라는 대변을 통해 돌고 돌면서 퍼져. 콜레라를 일으키는 세균은 네 창자로 들어가서 며칠 동안 계속 설사를 일으켜. 치료하지 않으면 죽기도 해. 그 지독한 설사가 식수원으로 들어가면 식수가 오염되고, 그 식수는 더 많은 사람들에게 설사를 일으켜. 해마다 전 세계에서 약 400만 명이 콜레라에 감염돼. 깨끗한 물을 마실 수 없는 가난한 지역 사람들이 더 많이 걸리곤 하지.

그런데 콜레라와 시신이 무슨 관계가 있다고 그 이야기를 하는 거냐고? 서아프리카 같은 곳에서는 시신이 콜레라 대유행을 일으키곤 해. 사람들은 알아차리지 못하지만. 사랑하는 가족이 콜레라로 죽으면 친지들은 장례 준비를 해. 그때 (콜레라에 오염된) 시신의 대변이 물에 흘러들거나, 시신을 씻기는 사람들의 손에 묻어. 그 손으로 장례식 음식을 준비하다 음식이 오염되지. 장례식 때 나오는 물과 음식이 콜레라균에 오염된 거야. 그렇게 모르는 새 콜레라가 대유행하게 돼.

오싹하게 들리겠지만 여기서 명확히 해 두고 싶어. 어떤 식으로든 시신이 위험한 상황을 초래할 병은 몇몇 아주 특수한 감염병(콜레라와 에볼라 같은)뿐이라는 거야. 미국이나 유럽 같은 곳에서는 오늘날 극도로 드문 병이야. 에볼라보다는 잠옷에 불이 붙어서 죽을 확률이 더 높아. 그렇게 보면 콜레라를 없애는 값비싼 위생 시설과 폐기물 처리 시설을 갖춘 세상에서 사는 우리는 정말로 행운아야. 암, 심장 마비, 모터사이클 사고로 죽은 사람의 시신을 씻기고 염한 뒤 돌아다니면서 음식을 만들고 제공한다고 해도 아무도 병에 걸리지 않을 거야. (그래도 네가 시신을 만지든 그렇지 않든 간에 요리하기 전에는 손을 씻는 것이 좋아.)

시신이 물에 잠겼다면 어떨까? 물론 더 극단적인 사례야. 찝찝하기도 하지만 식수원에 시신이나 스컹크 사체가 둥둥 뜬 광경을 보고 싶어 할 사람은 없겠지. 하지만 묘지에 묻힌 시신은 어떨까? 몸은 땅속에서 썩어 가고, 시골에서는 지하수를 식수원으로 쓰잖아? 부패는 꽤 혐오스럽게 여겨지지. 우리가 마시는 물 가까이에 썩어 가는 시신이 있는 것이 좋을 리 없지 않겠어?

이 문제를 연구한 과학자들이 있어. 그들은 이렇게 답해.

부패는 혐오스러워 보이지만(냄새도 그렇고) 시신을 부패시키는 세균은 위험하지 않다는 거야. 세균이 다 나쁜 것은 아니야. 부패 세균은 산 사람에게 질병을 일으키지 않는 온건한 종류야. 그냥 시신만 좀먹을 뿐이야.

매장된 뒤 시신에 어떤 일이 일어나는지 알기 위해서 과학자들은 무덤 주위의 물과 흙에서 부패 산물을 조사해. 지표면에서 약 1미터 이내로 묻으면, 화학적 방부 처리를 하지 않은 시신은 아주 빨리 썩을 거야. 기름진 토양은 '부패 기간을 줄이는 부패 촉진제' 역할을 해. 그뿐 아니야. 지표면 가까이에 있는 흙은 오염이 지하수가 위치한 깊은 곳까지 스며들지 못하게 막을 거야. 시신이 앞서 말한 감염성이 높은 병원균을 지니고 있지 않는 한, 그 물은 괜찮아.

사실 시신의 부패를 막기 위해 우리가 하는 방부 처리가 시신이 자연스럽게 썩도록 놔두는 것보다 더 피해를 입힐 수 있어. 가끔 시신을 화학적으로 방부 처리한 뒤 두껍고 단단한 목재나 금속으로 만든 관에 넣고서 1.8미터 이상 아주 깊이 묻기도 해. 그렇게 하는 편이 시신 자체와 모든 사람에게 안전하다고 여겨서야. 하지만 금속, 포름알데히드, 의료 폐기물은 그것들이 보호하려는 시신이 지하수에 끼치는 해보다 더 큰 해를 입힐 수 있어.

예를 들어, 미국 남북 전쟁 때의 군인들이 지금도 식수원을 공격하고 있다는 것을 아니? 이상하게 들리겠지만 사실이야. 남북 전쟁 때 죽은 군인이 60만 명이 넘는데, 슬픔에 잠긴 유족들은 시신을 고향으로 가져와서 매장하기를 원했어. 그렇지만 썩어가는 시신을 열차에 쌓아서 고향으로 싣고 갈 수는 없는 노릇이었지(열차 차장들이 화를 내면서 안 하겠다고 했지). 그리고 유족 대다수는 열차 회사가 그나마 실어 줄 쇠로 만든 값비싼 관을 마련할 여유가 없었어. 그래서 시신 방부 처리사라는 모험심 강한 이들이 군대를 따라다니면서 텐트를 치고 전투에서 군인이 죽으면 즉시 화학적 보존 처리를 했어. 집으로 보내는 도중에 썩지 않도록 말이야. 아직 완벽한 방법을 찾아내지 못했기에, 방부 처리사들은 톱밥에서 비소에 이르기까지 온갖 물질로 실험을 했어. 비소의 문제점은 산 사람에게도 독성을 띤다는 거야. 다양한 암, 심장병, 아기의 발달 장애 등 온갖 질병을 일으키는 극도로 위험한 독소야. 남북 전쟁이 끝난 지 150년이 지난 지금도 당시 조성된 묘지들에서 이 치명적인 비소가 스며 나오고 있어.

군인들의 시신은 땅속에서 천천히 썩어 가면서 흙과 뒤섞여 비소를 방출해. 비가 내리고 홍수가 일어날 때면 흙에 농축되었던 비소가 씻겨 내려 주민 식수원으로 흘러들지. 비소는 물에 얼마나 들었든 간에 실은 많은 양이라고 할 수 있어. 그래도 아주 미량이 섞인 물은 마셔도 안전해. 하지만 아이오와 시티의 남북 전쟁 묘지를 조사했더니, 주변 물에 안전 기준보다 세 배나 많은 비소가 들어 있다고 나왔어.

군인들의 잘못이 아니야. 그들의 몸에 비소를 잔뜩 집어넣지 않았다면, 썩어 가는 몸은 사람들에게 암을 일으키지 않았을 거야. 다행히도 방부 처리사들은 100여 년 전에 비소 쓰기를 중단했어. 비소 대신 사용하는 포름알데히드도 나름의 독성 문제를 지니지만.

다시 말하지만 에볼라나 콜레라로 사망한 시신을 씻기거나(그럴 가능성은 적겠지?) 남북 전쟁 시대의 묘지 옆에 살지(좀 더 가능성이 있긴 하지만 그래도 적을 거야) 않는다면, 네가 마시는 물이 시신에 오염될 위험은 없어.

그렇다고 물 주위의 시체가 식수원을 오염시킬지 모른다는 사람들의 두려움은 완전히 사라지진 않을 것 같아. 수화장이라는 새로운 방법을 예로 들어 볼까? 화장이 무엇인지는 이미 알고 있지? 불로 살과 유기물을 태워서 뼈만 남기잖아. 수화장은 물과 수산화칼륨을 사용해서 시신을 녹여 뼈대를 남겨. 환경에 더 좋고, 무엇보다 유용한 자원인 천연가스를 연료로 쓰지 않지. 그런데 시신을 물에 녹인다는 개념을 듣고서 몹시 우려하는 이들도 나타났어. 그 과정은 어떤 식으로도 위험하지 않은데 여기 쓰인

물이 하수구로 버려진다는 사실을 알고는 더욱 그랬지. 신문에는 "할아버지 한 컵 드세요!" 같은 제목의 기사들이 실렸어. "죽은 사람을 배수구로 쏟아 버린다는 계획" 같은 부제목을 덧붙여서 말이야. 진짜로 그랬다니까. 게다가 매우 평판 좋은 주요 신문에 실렸지. 휴. 말도 안 돼. 얘들아, 할아버지 마시지 말렴.

전시회에 갔더니 피부가 전혀 없는 시신이 축구를 하는 모습이 있었어. 내 시신으로도 그렇게 할 수 있을까?

더 이상 말 안 해도 돼. 축구를 하는 피부 없는 시신이라면, '인체의 신비전'이 틀림없겠네. '인체의 신비전'은 1995년 도쿄에서 열렸고, 2004년에는 미국 전역을 돌면서 열렸어. (잘 지켜봐. 네가 있는 도시까지 시신들로 이루어진 악단이 찾아갈지 모르니까!) 수백만 명이 이 전시회를 관람했어. 아주 좋아하는 이들도 있었어. 인체의 과학, 해부학, 죽음에 관해 배울 수 있다고 보았지. 반면에 "자본주의적 과잉에 대한 기괴한 브레히트적 패러디"라고 부르는 이들도 있었어. (그래, 나도 무슨 말인지 몰라. 하지만 뭔가 나쁘게 들리지.) 어느 쪽이든 간에 단면을 보여 주는 태아를 밴 임신부, 성교하는 남녀, 피부가 벗겨진 채 축구를 하는 시신을 일단 보면, 플라스틱 처리된 이 기이한 몸들의 모습을 머릿속에서 떨쳐 내기가 쉽지 않아.

가장 먼저 나오는 질문은? 맞아. 진짜 시신이야. 그리고 몇몇 중요한 예외가 있긴 하지만, 시신들은 생전에 그렇게 전시되기를 원했어. 주로 독일인들로 이루어진 약 1만 8,000명이 '인체의 신비전'을 위해 자신의 시신을 기증했어. 심지어 전시회 출구 쪽에 네가 직접 쓸 수 있는 기증 카드도 놓여 있지. 한 여성은 자기 시신을 배구공을 향해 뛰어오른 자세로 해 달라고 요청했어. 전시된 시신은 모두 익명이야. "기타 치는 자세를 한 시신이 제이크야?"처럼 특정한 시신이 누구인지를 알아내기는 불가능해.

인간이 시체를 장기 보존하여 전시회를 연 것은 '인체의 신비전'이 처음이 아니야. 시신 보존 처리는 요리와 운동, 이야기하기와 소문 주고받기처럼 인류의 거의 보편적인 여가 활동이야. 중국, 이집트, 메소포타미아에서 칠레 아타카마 사막에 이르기까지, 특수한 지식을 갖춘 이들은 시신의 내장을 제거하여 몸속을 비우고 약초, 타르, 식물성 기름 등 천연물을 써서 미라를 만들곤 했어. 보존 기술은 르네상스 시대에 더 세밀해졌지. 액체를 시신의 정맥에 직접 주사하면 몸의 순환계가 구석구석까지 그것들을 보낼 수 있다는 사실을 이해하면서였어. 잉크, 수은, 포도주, 테레빈유, 장뇌, 진사, 프러시안블루 등 온갖 화합물을 주사했지.

이런 시도들은 플라스티네이션(plastination)으로 이어졌어. 말 그대로 시신에 플라스틱 처리를 하는 거야. '인체의 신비전'에 쓰인 보존 기술이야. 플라스티네이션은 원래 학생용 해부학 표본을 만들기 위해 개발된 거야. 그런데 그 기술에 예술가의 솜씨를 곁들이면, 시신을 기이한 유형의 플라스틱 조각품으로 재탄생시키는 거지.

시신을 기증하여 플라스틱 처리를 받는 쪽을 택한다면? 네 시신은 포름알데히드로 보존 처리된 뒤 잘려서 탈수 과정을 거치게 될 거야. 몸을 차가운 아세톤에 담가 두면 체액과 물컹거리는 부위(물과 지방)가 다 빠져나와. 아세톤이 손톱 매니큐어 제거제로 쓰이는 화학 물질이라는 건 알지? 아세톤은 세포 속 물과 지방을 대체해. 우리 몸의 약 60퍼센트가 물이라는 것도 알지? 이제는 매니큐어 제거제가 몸의 약 60퍼센트를 차지하게 돼.

그다음 가장 중요한 단계가 나와. 아세톤으로 채워진 몸을 다른 통으로 옮기는 거야. 새 통에는 실리콘과 폴리에스터 같은 플라스틱을 녹인 용액이 들었어. 통 자체는 진공실 안에 있고. 진공 펌프로 방 안의 공기를 빼내면 세포에 들어 있던 아세톤이 끓으면서 증발해 빠져나와. 그때 녹은 플라스틱이 세포 안으로 들어가지. 이제 플라스틱이 채워진 시신의 자세를 잡아 주면 돼.

쓰인 물질의 종류와 양에 따라 자외선, 기체, 열을 써서 자세를 잡은 시신을 굳혀. 짜잔! 이제 너는 공중에서 배구공 서브를 넣는 자세로 굳은, 딱딱하고 메마르고 냄새 없는 시신이 된 거야. 네 몸 전체를 이렇게 바꾸는 데에는 길게는 1년까지 걸리고 비용도 많으면 약 5만 달러까지 들어.

시신을 영구히 보존하는 이 기법을 개발한 독일의 쇼맨 군터 폰 하겐스는 자신을 '플라스티네이터'라고 불러. 어딘가 레슬링 선수나 B급 공포 영화의 분위기를 풍기는 이름 아니니? 그는 독일에서 플라스티네이션 연구소를 운영해. 방문해서 그가 만든 작품들을 감상할 수도 있어. 물론 이렇게 유명해지기까지의 삶은 평탄하지 않았지. 순회 전시회를 위해 시신을 기증할 생각이라면, 그가 어떻게 살아왔는지를 살펴보는 것도 좋겠지?

폰 하겐스는 불법 시신 거래로 돈을 번다고 고발당하기도 했어. 시신을 팔 권한이 없는 중국과 키르기스스탄의 병원에서 시신을 사 온다는 거였지. 그런 나라에서 죽은 사람들은 자신의 몸이 색소폰을 연주하는 자세를 취하거나 피부가 벌어진 상태로 영구히 굳을 것이라고는 분명히 생각하지 않았을 거야. '인체의 신비전'이 이런 평판을 안고서 시작했다니 너무 불행한 일이야. 그 뒤로 전시회에 자신의 시신을 기꺼이 기증하겠다는 사람들이 많았으니까.

그리고 '인체의 신비전'을 '보디스(BODIES)'와 혼동하지 마. '보디스'는 다른 전시회야. 이 전시회를 주최하는 기관의 웹사이트에는 "원래 중국 경찰청이 인계받았던 중국 시민이나 주민의 유해"를 전시한다고 적혀 있어. 각종 신체 부위, 장기, 태아, 배아 등도 이들의 것이라고 밝혀 놓았지. 그 기관은 "오로지 중국 협력 업체가 제공한 표본"만을 전시할 뿐이며, "유해가 중국 교도소에

투옥되었다가 처형된 사람의 것인지 여부는 별도로 검증하지 못합니다"라고 말해. 아, 처형된 죄수라니. 재미있는 가족 활동처럼 들리네?

따라서 이런 전시회(또는 유해가 어디에서 왔는지 알 수 없는 어떤 인체 해부 표본 전시회)에 간다면, 네가 보는 인체 표본은 전시되기를 원해서 기꺼이 합법적으로 자기 몸을 기증한 사람의 것일 수도 있어. 반면에 그런 식으로 전시되는 것을 끔찍해했을 사람의 몸일 가능성도 있지.

인체 전시회의 전시물을 볼 때 염두에 두어야 할 또 한 가지는 종종 사라지는 신체 부위가 있다는 거야. 2005년에 정체 모를 두 여성이 로스앤젤레스 '인체의 신비전'에서 전시된 태아를 훔쳤어. 2018년에는 뉴질랜드에서 한 남성이 순식간에 발가락 두 개를 갖고 달아났어. 발가락은 개당 3,000달러를 넘을 만큼 아주 비쌌지. 팔이나 다리보다는 싸지만 말이야.

음식을 먹다가 죽으면
몸에서 그 음식이 소화될까?

네가 죽었어. 그래도 피자는 계속 소화되고 있을까?

음, 정확히 그렇다고는 할 수 없어.

죽는 그 순간에 위장에 든 음식물은 계속 소화가 되긴 해. 하지만 속도가 느려져.

이런 상황을 상상해 봐. 네가 인터넷에서 동영상을 보면서 맛있는 피자를 먹고 있는데, 갑자기 심장 마비가 일어나서 숨을 거두었어. 어느 면에서 보면 피자는 씹는 순간 이미 소화되고 있는 거야. 피자를 씹을 때, 너는 피자를 물리적으로 짓이기는 동시에 침에 든 소화 효소를 섞는 거야. 소화 효소는 소스, 피자 빵, 치즈를 분해하기 시작해. 그런 뒤에 삼키면 식도가 수축하면서 효소가 섞인 덩어리를 위장으로 내려보내.

네가 아직 살아 있다면, 위장은 위산을 분비해서 음식물을 더 잘게 부수고 근육을 써서 이리저리 마구 뒤섞고 짓이겨서 소화를 계속할 거야. 하지만 너는 죽었어. 위장은 더 이상 위산을 분비하지도 음식물을 짓이기지도 못해. 죽기 전에 분비된 위액과 소화관에 든 세균만이 피자를 계속 소화시키게 돼.

이제 네가 죽은 것을 며칠 동안 아무도 몰랐다고 하자. 음, 이 가상의 피자 사례가 점점 안 좋은 방향으로 흐르는 것 같네. 미안. 검시관은 네가 언제 어떻게 죽었는지를 알아내기 위해 부검을 해. 네 위장을 열었을 때, 피자 조각은 법의학자의 가장 반가운 친구가 될 거야. 왜 그런지 살펴보자.

네가 화요일 오후 일곱 시 반쯤에 피자를 주문했다는 사실을 알고, 너의 시신이 금요일에 발견되었다고 해 보자. 네 몸속에 있는 피자의 소화되다가 만 상태와 위치는 네가 피자를 먹은 뒤 얼마나 오랫동안 살아 있었는지에 관한 단서를 줄 수 있어. 위장에 든 피자가 소화가 거의 안 된 상태라면, 마지막 식사를 하자마자 죽었다는 뜻이야. 피자가 반죽이 되어서 위장관을 통해 넘어가고 있었다면, 소화가 꽤 이루어졌고 밤늦게 죽었다는 사실을 알 수 있지. 이는 사후 경과 시간을 찾아내는 과정에 속해. '죽은 지 얼마나 오래되었나'라는 뜻이야.

더 명확히 말하자면, '위장의 피자가 어떤 모습일까?'가 반드시 과학적으로 유용한 답을 제공하는 것은 아니야. 법의 병리학자는 위장의 내용물을 보고서 사후 경과 시간을 대강 추정할 수 있지만, 먹은 약, 당뇨병, 음식의 수분 함량 등 소화에 영향을 미치는 요인들이 많이 있어. 의사는 위장에 남은 음식을 조사해서 소화되지 않은 껌(네 생각보다 더 흔해), 위돌, 소화가 안 되어 쌓여 있는 고형물(인터넷 검색을 해서 찾아 먹지는 마) 등 온갖 것을 찾아내. 법의 병리학자는 네 창자도 검사해야 해. 위장을 여는 것보다 훨씬 더 힘들고 고약한 일이야. 먼저 네 창자를 다 떼어 내서(길이가 거의 버스만 해) 부검대에 올려놓은 뒤, 끝에서 끝까지 죽 갈라. 법의 병리학자 친구는 이 과정을 '창자 달리기'라고 불러. 그런 뒤 이 으스스한 관 속을 샅샅이 살펴. 뭐가 들어 있을까? 으깨진 피자 찌꺼기, 대변, 비정상적인 혹? 누가 알겠어? 그러니까 모험이라고 할 수 있지. (나는 법의 병리학자보다 장례 지도사가 더 좋아. 그런 모험을 안 해도 되니까.)

검시관이 네가 오후 일곱 시 반에 피자를 받았다고 적힌 배달 영수증을 찾아내지 못한다면, 소화되지 않은 피자가 별 도움이 안 될 것이라는 점도 주의해. 나는 오늘 아침 열 시에 먹다 남은 피자를 먹었어. 오후 세 시에 또 한 조각을 삼켰고, 지금 또 먹을지도 몰라. (음, 내가 피자를 좋아한다는 말을 굳이 할 필요는 없겠구나.) 그럴 때 검시관은 내가 피자를 언제 먹었는지 알아낼 방법이 없을 거야. 그럴 때 위장에 든 피자 상태는 내가 언제 죽었는지를 밝히는 데 도움이 안 되겠지?

위장에 든 소화 안 된 피자는 네 사망 시각을 파악하는 데 유용할 수 있지만, 방부 처리사에게는 큰 문제를 야기해. 위장에 피자가 들었다는 것은 몸속에서 음식이 썩으면서 유족에게 보여 주려는 말끔한 보존 상태를 망가뜨린다는 뜻이니까. 그들이 뚫개라는 도구를 쓰는 이유 중 하나가 바로 그거야. 뚫개는 굵고 긴 바늘이야. 방부 처리사는 뚫개로 배꼽 바로 아래 부분을 찔러서 구멍을 낼 거야. 거기뿐 아니라 폐, 위장, 배에도 구멍을 뚫고서 그 안에 든 것을 다 빨아내려는 거지. 기체, 액체, 대변 그리고 맞아, 죽처럼 변한 피자도.

아마 너는 뚫개로 소화되지 않은 음식을 빨아내기를 원하지 않을 수도 있어. 언젠가, 아주 먼 미래에 우리 시대 사람들이 무엇을 먹었는지를 알려 주는 데 쓰일지도 모르잖아? 독일의 두 등산객이 오스트리아와 이탈리아 사이 국경에서 발견한 5,300년 된 미라 외치를 생각해 봐. 과학자들은 위장에 든 내용물을 조사해서 외치가 등에 화살을 맞아서 죽기 전 (너무 치사한 살인 아냐?) 마지막으로 무엇을 먹었는지 알아냈어. 미리 귀띔하지만 피자는 아니야. 고기(아이벡스와 붉은 사슴), 아인콘 밀, '독성을 띤 고사리 약간'을 먹었지. 과학자들이 예상했던 것보다 지방 함량이 훨씬 많은 식단이었어. 소화될 시간이 없었기에, 외치의 위장은 5,300년 전 사람의 삶과 식단에 관해 매우 가치 있는 사항들을 알려 줄 수 있었지. 언젠가는 네가 배불리 먹은 피자와 치토스도 같은 역할을 하게 될지 누가 알겠니.

모든 사람이 관에 들어갈까?
키가 아주아주 크다면?

관이 맞지 않는 사람도 가끔 있어. 그럴 때면 장례식장 사람들은 조치를 취해야 하지. 즉 우리가 할 일이야. 유족은 우리에게 의지해. 우리에게 아무런 대안도 없다면, 결국 시신의 무릎 밑을 잘라내고 관에 집어넣는 수밖에 없겠지?

그럴 리가 없지! 대체 뭔 소리를 하는 거야? 절대로 그렇게 하지 않아. 왜 장례식장에서 키 큰 사람에게 그런 짓을 한다고 생각하는 걸까?

하지만 슬프게도 이 다리 절단 소문이 도시 괴담인 것만은 아니야. 2009년에 사우스캐롤라이나주에서 진짜로 그런 일이 일어났거든. 이야기는 키가 2미터인 남성이 죽으면서 시작돼. 큰 키이긴 하지만, 표준 관(뒤에서 더 이야기할게)에 들어가지 못할 정도는 아니야. 그의 시신은 케이브 장례식장으로 옮겨졌어.

바로 거기에서 '어처구니없고 섬뜩한 일'이 아주 빠르게 진행되었어. 장례식장 주인에게는 종종 시신을 씻기고 새 옷을 입힌 뒤 관에 넣는 일 등을 하는 아버지가 있었어. 어느 날 그는 전기톱으로 시신의 종아리를 잘라 관 속 다리 옆에 나란히 놓기로 마음먹었어. 그런 뒤 유족에게는 시신의 머리와 몸통만 보여 주었지. 이유는 뻔하잖아. 그 만행은 4년 뒤에야 드러났어. 전직 직원이 폭로한 거야. 사람들은 혹시나 해서 관을 파냈어. 헉! 잘린 다리가 여전히 옆에 놓여 있었어.

시신의 다리를 자를 생각을 하다니, 도저히 이해가 안 돼. 나는 처음 그 소식을 들었을 때 거짓말이라고 생각했어. 시신의 발이나 다리를 자르는 짓은 그 어떤 장례식장 직원도 하지 않으니까. 상식에도 어긋나고 직업 윤리에도 맞지 않잖아. 죽은 사람의 아내가 간청한다면? "제발, 그이의 다리를 잘라 줘요. 그러면 속이 후련해질 거예요." 그래도 안 돼. 짐작하겠지만 시신 훼손 금지법에 걸리거든. 또 그런 짓을 하면 오싹해지고 난장판이 되잖아. 물론 여기서 가장 중요한 점은 그것이 아니지만, 그래도 언급할 가치는 있지.

솔직히 이 이야기에서 가장 어처구니없는 부분은 시신을 관에 못 넣는다고 생각했다는 점이야. 관 크기와 비교할 때, 2미터는 터무니없이 큰 키가 아니야. 미국에서 쓰는 평균 크기의 관은 키가 2미터인 사람뿐 아니라 2.1미터인 사람도 들어갈 수 있어. 장례식장에 더 작은 관만 남았다고 해도 더 큰 관을 주문하면 돼. 아니면 있는 관의 안쪽 판을 몇 개 뜯어내서 다리를 넣을 공간을 만들 수도 있지. 다리 잘라 내기를 더 좋은 방법이라고 생각하는 건 상상하기도 어려워.

좋아, 그렇다면 죽은 사람이 아주아주 키가 크다면? NBA 역대 농구 선수 중 키가 컸던 두 명 중 한 명인 마누트 볼처럼 말이야. 볼은 키가 231센티미터였어. 정말 컸지. 그리고 '양팔 폭'(양팔을 벌렸을 때 양쪽 손가락 끝에서 끝까지의 거리)도 259센티미터에 달했어. 이런 사람이 들어갈 관도 있을까?

확실히 말할게. 관은 얼마든지 크게 만들 수 있어. '특대' 관은 좀 더 비쌀 뿐이야. 추가 비용을 받는 것이 정당하다는 말이 아니라, 장례업계의 실상이 그렇다는 것일 뿐이야. 길이가 240센티미터인 관이 있다는 말도 들었어. 인터넷 검색을 하면 평균보다 더 큰 사람들을 위해 관을 주문 제작하는 업체도 많아.

키가 231센티미터인 사람에게 맞는 관을 제작할 회사를 찾기는 좀 힘들 수도 있어. 하지만 어떤 크기로 주문하든 맞춤 제작하는 회사들이 있어. 폭이든 길이든 간에 시신에 맞는 크기의 관을 제작할 수 없다고 말한다면 그것이 비현실적이겠지. 심지어 온라인에서 도안을 내려받아서 직접 관을 제작할 수도 있어. 나름 손재주가 있다고?

물론 키가 아주 큰 사람을 매장하려면, 묘지에서 몇 가지

추가로 해결해야 할 문제들이 있을 수도 있어. 마누트가 기존 공동묘지(잘 깎은 잔디밭 사이로 묘비가 가지런히 늘어선)에 묻히기를 원했다면, 묘지 면적을 더 늘려 달라고 요청해야 했을 거야. 모든 공동묘지는 각 묘지의 면적을 정하고 있는데, 대개 '평균 크기'의 사람을 기준으로 삼아. 그 묘지 안에 매장할 때 관이 경계선을 넘어가면 안 되겠지. 아예 못 넘어가게 콘크리트로 테두리를 두른 곳도 있어. 이 묘지 경계선도 마찬가지로 대개 '평균' 크기야. 사망자의 키가 아주 크다면 들어가지 않을 수도 있어. 그러면 돈을 더 내고 면적을 늘리거나 아예 옆 묘지까지 사야 할 거야.

이런 이야기들을 듣고 있자면 기운이 처질 거야. 하지만 키가 231센티미터인 사람은 평생 사회의 '표준'이나 '평균'에 거의 들어맞지 않는 삶을 살았을 거야. 자기에게 맞는 신발, 샤워기, 문틀, 청바지 등 거의 모든 것을 찾기가 쉽지 않았겠지. 특대 관과 묘지 면적은 그저 맞춤 주문해야 할 목록 중에서 두 가지가 더 늘어난 것뿐이야.

맞춤 주문을 아예 포기하고 표백하지 않은 무명천에 덮인 채 그냥 땅에 묻히는 자연장을 택할 수도 있어. 아마 그것이 가장 쉬운 대안이 아닐까? 그런 묘지에서는 더욱 길게 구멍을 팔 수도 있어. 관도 정해진 면적도 없으니까!

그렇다면 화장은 어떨까? 화장장에서 일한 내 경험, 화장장 직원들과 나눈 이야기를 토대로 판단할 때, 키가 아주 큰 시신도 화장하는 데에는 아무런 문제가 없어. 오늘날 대부분의 화장로는 키가 210센티미터인 시신도 넣을 수 있으며, 키가 거의 270센티미터에 이르지 않는 한 아무런 문제도 없을 거야. 이론상 이런 화장로에는 역사상 가장 키가 컸던 로버트 워들로의 시신도 넣을 수 있어. 그는 키가 272센티미터였어. 화장을 하지 않았으니 당연히 맞춤 관을 썼겠지. 관은 길이가 300센티미터를 넘고 무게가 360킬로그램을 넘었대.

네 키가 210센티미터에 가깝다면, 죽기 전에(죽은 뒤가 아니라) 미리 관과 묏자리를 찾아 두는 편이 좋아. 장례식장 직원에게 어떻게 말할지도 가족이나 친구들과 미리 논의하고. "장례식장에 내 키가 208센티미터이고 몸무게가 190킬로그램이라고 말해 줘. 놀라지 않게." 그러면 장례식장이 불평을 늘어놓아 유족들이 곤란해지는 일은 없을 거야.

장례식장 관리자가 키가 아주 큰 시신을 다루는 방법도 모르고 맞춤 관도 모르는 것처럼 군다면, 사실은 치와와 여덟 마리가 긴 외투 안에 층층이 들어 있으면서 관리자인 척하는 것은 아닐까 확인하고 싶어질지 몰라. 장례 지도사는 거의 모든 문제에 대처할 수 있어. 전기톱을 창의적으로 사용하는 짓 따위는 하지 않고서도 언제나 해결 방법을 찾아내지.

작은 관에서는
죽어서도 발이
시릴 것 같아….

그런 걱정은
할 필요 없어요!

다양한 몸에
얼마든지 맞출 수
있거든요!

예를 들면 토끼 관

뱀 관
제일 편안한
자세예요.

눈사람 관
동절기
하절기

죽은 뒤에도 헌혈할 수 있을까?

사람들은 피가 생명과 깊은 관련이 있다고 으레 생각해. 그러니까 시신의 고인 피를 수혈받을 생각을 할 사람은 아마 없겠지? 하지만 위급한 상황이라면 산 사람의 피인지 죽은 사람의 피인지 따져 볼 여유가 없을 거야. 그리고 네가 죽은 뒤에 기증하는 피는 생각보다 더 안전하고 효과가 있어.

1928년 소련 외과 의사 V. N. 샤모프는 시신의 혈액을 살아 있는 사람이 같은 운명을 맞이하는 상황을 막는 데 쓸 수 있을지 조사하기로 결심했어. 먼저 개를 대상으로 실험했지. 대다수의 동물 실험이 그렇듯이 그 실험 계획도 (이렇게 말해도 될지 모르겠지만) 고문과 매우 비슷해 보여.

샤모프 연구진은 살아 있는 개의 몸에서 피의 약 70퍼센트를 빼냈어. 다시 말해, 몸에 든 피의 약 4분의 3을 빼낸 거야. 그런 뒤 피를 뺀 혈관에 따뜻한 소금물을 주입하여 내부를 씻어 내서 출혈량을 90퍼센트로 높였어. 치명적인 수준이었지.

하지만 이 용감한 실험실 개들은 희망을 버리지 않았어. 연구진은 바로 몇 시간 전에 다른 개의 목숨을 앗았어. 그러고는 죽은 개의 피를 뽑아 죽어 가는 개에게 수혈했지. 그러자 죽어 가던 개가 마치 마법처럼 되살아났어. 연구진은 실험을 멈추지 않았고, 죽은 개의 피를 여섯 시간 이내에 빼내 수혈한다면 다른 개를 살리는 데 쓸 수 있다는 사실을 밝혔어.

이때부터 수혈은 영화 「쏘우」보다는 「프랑켄슈타인」과 좀 더 비슷해지기 시작했지. 2년 뒤 같은 소련 연구진은 시신의 피를 사람에게 수혈하는 실험에 성공했고, 그 뒤로 30년 동안 시신의 피를 수혈해 생명을 구한 사례들이 이어졌지. 1961년 잭 키보키언은 미국 의사 중 처음으로 그 수혈을 시도했어. 나중에 그는 죽고 싶어 하는 환자들을 도와주었다는 이유로 '닥터 데스(Dr. Death)'라는 별명을 얻었지만.

이런 실험은 죽음이 전등을 끄는 식이 아니라는 사실을 입증하는 데 도움을 주었어. 즉 호흡이 멈추고 뇌에서 전기 활동이 없다고 해서(앞서 혼수상태와 뇌사 문제를 다룰 때 이야기했지?) 몸이 곧장 쓸모없어진다는 뜻이 아니야. 샤모프는 이렇게 썼어. "사망한 지 몇 시간 이내 몸은 더 이상 죽었다고 여기지 말아야 한다." 얼음에 담근 심장은 사망한 지 네 시간 안에 다른 사람에게 이식

할 수 있어. 간은 열 시간까지도 가능해. 유달리 건강한 콩팥은 스물네 시간, 의사들이 적절한 장치를 쓴다면 일흔두 시간까지도 가능해. 이를 '냉허혈 시간'이라고 해. 농구의 5초 룰을 장기에 적용한 거라고 생각해. 정해진 시간 안에 끝내야 한다는 말이야.

샤모프는 본래 건강하던 사람이 갑작스럽게 죽음을 맞이한다면 시신의 피를 최대 여섯 시간까지 쓸 수 있다는 사실을 발견했어. 다시 말해, 수혈이 가능하다는 거지. 피가 약물이나 감염병에 오염되어 있지 않다면, 분명히 더 낫고. 백혈구는 심장이 멈춘 뒤에도 며칠 동안 활동해. 시신의 피가 멸균되고 양호한 상태로 있다면 얼마든지 수혈이 가능하지.

이렇게 수혈이 가능하다면 왜 시신의 피는 인기가 없는 것일까? 몇 가지 이유가 있어. 솔직히 말하면, 시신 헌혈은 일회용이야. 의사들은 살아 있는 헌혈자는 (무료로 과자를 받는 대가로) 한 해에 여러 번 피를 줄 수 있다는 점을 일찌감치 파악했어. 그것도 8주마다. 피를 뺄 건강하고 질병이 없는 시신의 수는 한정되어 있지만, 산 사람의 헌혈은 헌혈 운동을 통해서 장려할 수 있지. 헌혈의 집에는 (살아 있는) 헌혈자들이 여러 해 동안 계속 찾아올 수 있잖아.

또 살아 있는 헌혈자의 피는 환자가 본인도 모르게 시신의 피를 수혈받을 때 생길 윤리적 문제도 피할 수 있어. 네가 장기 기증자에게서 양쪽 폐를 받는다면, 그 폐가 어디에서 왔는지 확실히 알아(당연히 죽은 사람에게서지). 그런데 피가 몹시 필요한 환자가 생사의 갈림길에 있다고 해 보자. 의식이 없을 테니 당신에게 시신의 목에서 왈칵 쏟아지는 피를 수혈할 것이라고 안내하고서 괜찮다는 동의를 받을 수도 없잖아?

목에서 왈칵 쏟아진다는 말을 썼는데 실제로 그래. 피를 뿜어낼 심장이 뛰지 않으니까, 시신의 피를 받으려면 중력을 써야 해. 법의 병리학자는 시신에서 피를 뽑아야 할 때면, 목의 대정맥을 가른 뒤 시신의 머리를 아래로 기울이는 단순한 방법을 써. 장례식장의 방부 처리사는 더 복잡한 방식을 써. 그래서 중력이 필요치 않아. 방부액을 몸속으로 밀어 넣으면 피가 밀려 나와 탁자 옆으로 흘러서 하수도로 들어가. 지역 혈액 센터에서 헌혈 요청을 받을 때면, 나는 방부 처리 과정에서 그냥 버려지는 피가 떠오르곤 해.

시신의 혈액 기증이 활발하지 않은 가장 두드러진 이유는 시신에서 나온 피라는 낙인 때문이야. 사후 장기 기증이 보편적으로 이루어진다는 점에 비추어 보면 기이한 일이지. 내 친구 중 한 명은 시신의 엉덩이에서 떼어 낸 조직을 입에 이식했어. 이와 비슷한 이식 수술을 받은 사람은 아주 많아. 이갈이나 건강 문제로 잇몸이 주저앉을 때, 시신의 엉덩이에서 떼어 낸 조직을 이식하여 재건할 수 있어. 그렇게 시신의 엉덩이는 되는데, 피는 왜 안 된다는 거지?

나는 시신의 혈액 기증에 관한 공식 정책이 무엇인지 미국 적십자사에 물어보았어. 그런데 이 글을 쓰는 지금까지 답변을 받지 못했어.

우리는 죽은 닭을 먹어.
그런데 왜 죽은 사람은 안 먹는 걸까?

나는 네가 식인 풍습이라는 어려운 질문을 할 만큼 충분히 나이를 먹었다고 진심으로 믿어. 그럼 이제 사람의 살을 먹는다는 주제를 파고들어 볼까? 찡긋!

너는 답이 명백하다고 여길 수도 있어. "우리는 죽은 사람을 먹지 않아. 끔찍하잖아! 도덕적으로 거슬려!" 너무 성급하게 굴지 마. 죽은 사람을 먹는다니 끔찍할 수도 있지만, 역사 내내 인류는 시신을 먹는 풍습을 지니고 있었어. 족내 식인 풍습은 친척, 이웃, 공동체 구성원이 죽은 사람의 살이나 재, 또는 양쪽을 다 먹는 것을 말해. 클로이 숙모가 돌아가시면 모닥불 가에 둘러앉아 숙모의 구운 살점을 조금씩 뜯어 먹는다고 상상해 봐. 인류 역사를 보면 그런 행위가 지극히 정상이었어.

다른 문화의 식인 풍습을 어떻다고 판단하기에 앞서, 21세기 선진국에서 사람을 먹는 일이 금기 사항이라는 데에는 모두가 동의할 거야. 우리는 그런 행위가 도덕적으로 잘못되었다고 생각해. 가장 극악한 연쇄 살인마와 도너 파티(Donner Party)*의 일원들만이 한 행위라고 말이야.

이런 금기 말고도 인육을 먹지 말아야 할 더 현실적인 이유들도 있어. 첫 번째는 인육을 구하기가 쉽지 않고, 두 번째는 영양가도 적고 몸에도 좋지 않다는 거야.

'구하기가 쉽지 않다'는 문제부터 살펴보자. 네가 인육을 먹으려면 누군가가 죽어야겠지? 그 사람이 자연사한다고 해도, 단지 맛있어 보인다는 이유로 시신을 가져가는 것은 법적으로 허용되지 않아.

먹을 시신을 구하려면 어떤 법들을 어겨야 할까? 놀라운 사실을 알려 줄까? 미국에 식인 풍습을 금지하는 법은 없어. 인육을 먹는 것은 범죄가 아니야. 하지만 인육을 구하는 것은 (죽은 사람이 먹히기를 원했다고 해도) 범죄야. 그러니까 네가 어기는 법은…… 잠깐, 앞에서 했던 말 기억해? 맞아, 시신 훼손 금지법! 시신을 먹는 건 그 사람을 모욕하고 훼손하는 행위라고 여겨져. 시신을 훔쳤다고 고발될 수도 있어. 도둑질은 나쁜 짓이지? 죽은 사

* 19세기 중반 미국에서 서부 개척에 나섰다가 고립되어 생존하기 위해 인육을 먹은 집단. — 옮긴이

람의 엄마가 가족 묘지에 자식을 묻으려는데, 다리 하나가 사라진 광경을 마주해, 맙소사!

자, 그런데 시신 먹기가 불법이 아니라면? 그럴 때 인육은 네 건강에 도움을 줄까?

아니.

1945년과 1956년에 두 연구자가 기증된 성인 남성 시신 네 구를 분석했어. 그들은 평균적으로 남성의 몸에서 얻을 수 있는 단백질과 지방이 약 12만 5,822칼로리라고 추정했어. 쇠고기나 돼지고기 같은 다른 붉은 고기에서 얻는 열량보다 훨씬 적어.

(그래, 방금 들었잖아. 사람도 붉은 고기야.)

하지만 굶어 죽기 직전이라면 이 정도 열량이라도 귀하겠지. 1972년 페드로 알고르타가 탄 비행기가 안데스산맥에 추락했어. 일부만 살아남았지. 굶주리다 못한 페드로는 시신의 손, 허벅지, 팔을 닥치는 대로 먹기 시작했어. 인육 먹기가 달갑진 않지만, 우리가 말하는 건 71일 동안 굶주림을 버티고 생존해야 했던 상황이야. 페드로는 나중에 이렇게 말했어. "주머니에는 늘 누군가의 손이나 다른 부위가 들어 있었고, 꺼내어 먹을 때마다 조금씩 기운을 차렸다." 이런 극단적인 상황에서 그는 인육의 열량이나 단백질 함량 비율을 따질 겨를이 없었겠지. 그저 살아남아야 했던 거야.

증거들을 보면 인류는 인육이 영양가 측면에서 좋은 선택이라고 생각한 적은 없는 듯해. 영국 브라이턴 대학교의 고고학자는 네안데르탈인이나 호모 에렉투스 같은 초기 인류 종들이 인육을 먹는 경향이 있었다는 점을 알아냈어. 그러나 동족을 먹긴 했어도 식용이 아니라 의식용이었어. 인육은 매머드 같은 동물의 고기에 비해 열량을 충분히 제공하지 못해. 매머드는 제공하는 열량이 360만 칼로리나 되었을 거야. 게다가 인육에서 얻는 열량은 거의 절반이 지방에서 나와. 또 인육은 심장 건강에도 안 좋아! 우리 모두 식습관이 나쁘니까.

그리고 인육 먹기의 장단점을 따질 때, 반드시 질병도 생각해야 해. 그래, 너는 이렇게 생각하겠지. '케이틀린! 시신이 위험하지 않다는 말을 천 번도 넘게 하지 않았어요? 시신이 내게 병을 옮기지 않을 거라는 뜻이 아니었나요? 왜 오락가락해요?'

그래, 그 말도 맞아. 시신이 자기를 죽게 한 질병을 옮길 가능성은 거의 없어. 그 병뿐 아니라 다른 질병도 마찬가지야. 결핵이나 말라리아를 일으키는 매우 해로운 병원체도 포함하여 대부분의 병원체는 시신에서 오래 살지 못해. 하지만 내가 시신을 먹으라는 말은 결코 한 적이 없다는 점을 기억해 줘.

질문에 죽은 닭을 먹는 내용이 있었으니까, 네가 농장에 산다고 해 보자. 어느 뜨거운 여름날, 닭에게 사료를 주기 위해 닭장으로 갔더니, 밤사이 빅 버사가 죽은 것을 발견했어. 아직 부패한 것 같진 않지만 주위에 파리가 윙윙거리며 날아다니고, 몸은 부풀기 시작했지. 왜 죽었지? 윽! 저거 구더기 아니야?

가만, 음…… 배가 좀 고픈가? 아니, 아닐 거야.

문명사회에서는 구더기도 질병도 없고 부풀지도 않은 고기를 더 좋아해. 뭐, 늘 그런 것은 아니야. 삭힌 고기를 별미라고 여기는 문화도 있거든. 하칼이 한 예야. 상어를 삭힌 건데, 아이슬란드의 국민 음식이야. 상어를 구덩이에 묻어서 삭혔다가 몇 달 동안 천장에 매달아서 말려. 그러면 코를 쏘는 삭은 음식이 돼.*

슈퍼에서 파는 쇠고기와 돼지고기 같은 더 흔한 고기는 사람이 먹기 위해 잡은 거야. 동물을 도축하면, 즉시 고기를 씻어서 냉장고에 저장하거나 건조시켜. 고기를 부패시키고 색깔을 칙칙하게 만들고 썩은 냄새를 풍기게 할 세균 증식이나 자가 분해를 막기 위해서야. 우리가 슈퍼나 정육점에서 사는 닭, 소, 돼지의 고기는 어딘가에서 죽은 채로 발견되는 것이 아니야. 도로에서 죽은 동물의 썩은 고기를 내다 파는 것을 막는 법이 10억 가지는 될걸?

말이 나온 김에 하는 말인데, 사람은 썩은 고기나 병든 고기를 잘 못 먹어. 우리는 신선하고 건강한 고기를 선호하지. 자, 인육 먹기에 관해 물었으니 사람으로 가정해 볼까? 구워 먹어도 될 만큼 건강한 사람이 갑자기 쓰러져 죽는 경우는 드물 거야. 시신 대부분은 잘해야 입맛을 떨어뜨리고, 심하면 섭취하기에 안전하

* 우리의 삭힌 홍어와 비슷하다. — 옮긴이

지 않은 건강 문제를 지녔어.

또 이렇게 생각해 봐. 네가 먹는 동물이 어떤 병에 걸렸다 해도, 대부분은 인수 공통 전염병이 아니야. 즉 사람이 병든 동물을 먹는다고 해서 그 병이 옮지는 않는다는 거지. (에볼라는 드문 예외 사례야.) 그러나 인육은 달라. B형 간염이나 HIV처럼 피로 옮겨지는 바이러스에 감염될 가능성이 있어. 동물을 먹을 때와 달리 병든 인육을 먹는다면 같은 병에 걸릴 수 있는 거야.

너는 이렇게 외칠지도 모르지. "문제없어. 나는 인육을 바짝 구울 거야. 그러면 먹어도 괜찮을 거야!"

다시 생각해.

사람은 프라이온이라는 비정상적인 단백질을 지닐 수 있어. 원래의 모양과 기능을 잃었을 뿐 아니라, 다른 단백질까지 감염시켜 비정상으로 만드는 단백질이야. 바이러스나 감염균과 달리, 프라이온은 DNA나 RNA를 갖고 있지 않아. 그래서 열이나 방사선을 써도 죽지 않아. 뇌와 척수에 달라붙어서 여러 곳을 공격하며 혼란을 퍼뜨리는 끈덕진 기생충 같아.

과학자들은 프라이온을 이야기할 때면 파푸아뉴기니의 포레족을 예로 들곤 해. 1950년대 말, 인류학자들은 포레족에게 쿠루라는 신경 질환이 대유행하면서 많은 이들이 사망했다는 사실을 알아냈어. 쿠루는 프라이온이 뇌에 일으키는 질병이야. 어떻게 퍼지는지 조사했더니, 누군가가 죽으면 그 사람의 뇌를 나누어 먹는 장례 풍습이 있다는 것이 드러났어. 감염된 사람은 근육 경련, 치매, 울음이나 웃음을 멈추지 못하는 증상 등을 나타내지. 결국에는 말 그대로 뇌에 구멍이 송송 뚫린 채 죽음을 맞이해.

프라이온이 가득한 뇌를 나눠 먹어서 질병이 퍼지는 거지. 뇌를 먹은 뒤 50년이 지나도록 멀쩡하다가 뒤늦게 증상이 나타나기도 해. 20세기 중반, 포레족이 뇌를 먹는 풍습을 중단하자 쿠루 유행도 잦아들었어.

앞에서 말한 요점으로 돌아가자면, 쿠루로 죽은 시신을 애정을 갖고 돌보아도 그 병이 옮지 않아. 하지만 먹으면 옮지.

나는 시신 훼손 금지법, 낮은 영양가, 감염병이 이렇게 말할 확고한 이유가 된다는 것을 보여 주었다고 봐. "음, 그냥…… 사람을 안 먹는 게 좋겠지?" 언젠가는 실험실에서 배양한 인육이 동네 식당 차림표에 등장할지도 모르겠지만(그래, 누군가는 이미 이 기술을 개발하고 있어) 그때까지 나는 인육이라는 붉은 고기를 멀리하는 편이 최선이라고 생각해.

묘지가 꽉 차서 더 이상 시신을 받을 수 없다면 어떻게 될까?

매장 가능한 양보다 더 많은 시신을 받았을 때, 가장 먼저 떠올릴 타당한 방안은 묘지를 넓히는 거지. 묘지 확장은 (무덤을 더 많이 만들 수 있도록) 현재의 묘지 면적을 넓히거나 옆에 새 묘지를 조성하는 거야.

너는 이렇게 말할 거야. "하지만 여기는 대도시야. 시신을 눕힐 녹지가 더 이상 없어!" 음, 그러면…… 위로 확장하는 것은 어떨까? 그래, 맞아. 묘지를 수직으로 만든다는 거야. 도시 주민들은 층층이 위로 쌓아 올린 고층 건물과 아파트에 살지. 그런데 왜 죽으면 넓게 펼쳐진 땅에 일정한 간격을 두고 묻힐 것이라고 여길까? 복층 묘지를 설계한 한 건축가는 이렇게 말했어. "우리가 이미 위아래 층에서 사는 것을 받아들였다면, 죽어서 위아래 층에 묻히는 것도 받아들일 수 있다." 끄덕끄덕.

이스라엘의 야르콘 묘지는 이미 매장 탑을 쌓고 있어. 25만 기까지 들어갈 예정이야. 기둥 내부를 흙으로 채워서 무덤이 땅과 이어져야 한다는 유대교 관습도 존중해. 한편 세계에서 가장 높은 묘지는 브라질에 있어. 에큐메니카 공동묘지 III 추모관으로 32층짜리 묘지와 식당, 음악당, 이국적인 새들이 가득한 정원까지 갖추었지. 또 나는 일본 도쿄에서 화장한 유골 수천 구가 들어 있는 고층 봉안당을 방문한 적이 있어(유족이 오면 자동으로 해당 봉안함을 찾아서 컨베이어를 통해 기다리는 방으로 보내 줘). 도시 경관과 잘 어울리는 전형적인 사무실 건물처럼 보이고, 지하철역 바로 근처에 있어서 쉽게 갈 수 있어. 파리, 멕시코시티, 뭄바이 등 여러 도시에서도 고층 공동묘지를 조성할 계획이야.

이런 식으로 생각해 봐. 넓게 펼쳐진 일반 공동묘지도 영묘를 세울 때 수직으로 올라가. 영묘는 묘지 한가운데 지은 낮은 건물인데, 그 안에 묘실이 있어. 땅에 무덤을 하나씩 파고 시신을 묻으면 공간이 금방 부족해지겠지? 영묘를 지으면 무덤 하나의 공간에 3~4층(또는 그 이상)의 묘실을 층층이 만들 수 있어. 공동묘지 측은 지면에서의 높이에 따라 묘실을 '심장 층', '하늘 층' 하는 식으로 광고해. 맨 아래쪽 묘실은 '기도 층'이라고 해. 무릎을 꿇고 기도하기 쉬운 곳이니까. (나는 '바닥 층'이라고 하면 광고 효과가 없었으리라고 추측해.)

시신을 더 많이 매장하기 위해 높이 쌓기를 원치 않는다면 다른 방법이 있어. 이미 있는 무덤을 재활용하는 거야. 좀 꺼림칙하게 들릴 수도 있어. 할아버지가 한자리에 영구히 묻혔다는 개념에 익숙하다면 말이야. 독일과 벨기에는 공공 묘지의 사용 연한을 정해 놓았어. 도시에 따라서 15~30년이야. 기한이 다 되었을 때, 묘지 사용 기간을 연장하려면 유족은 비용을 내야 해. 연장할 수 없거나 유족이 원치 않는다면, 네 몸은 더 깊은 땅속으로 옮겨지거나(새 친구를 들일 공간을 비워 주기 위해) 공동 무덤으로 옮겨질 거야(많은 새 친구들을 만나겠지). 즉 그런 나라에서는 묘지를 빌리는 거야. 소유할 수 없어.

미국은 왜 다를까? 무덤이 영원히 유지될 것이라 믿고서 '영구 관리'에 돈을 지불하는 이유가 뭘까? 영구 무덤이라는 개념은 미국이 땅덩어리가 워낙 컸기 때문에 나온 거야. 19세기에 매장은 과밀 상태(냄새가 많이 난다는 말을 완곡하게 표현한 거야)인 도시 공동묘지에서 벗어나 더 넓게 펼쳐진 시골 공동묘지로 옮겨갔어. 이런 시골 공동묘지에서는 소풍, 시 낭독회, 마차 경주 같은 활동도 이루어졌지. 보는 곳이자 보여 주는 곳이기도 했어. 나라가 크니까 한번 묻히면 무한히 그곳에 자리할 수 있다고 생각한 거야. 모든 사람이 묻힐 땅은 얼마든지 있어!

하지만 너무 성급했어. 21세기에 미국 연간 사망자 수는 271만 2,630명이야. 한 시간에 300명이 넘는 사람들이 죽는다는 거지. 1분에 다섯 명꼴이야. 사망자가 그렇게 많긴 해도, 미국 땅

전체에서 매장 공간이 곧 부족해지리라 예측한다면 그건 오해야. 미국엔 아직 매장 공간이 엄청나게 많거든. 다만 문제는 도시 근처에서 그리고 이미 묻힌 사람들 옆에 매장할 공간을 찾기가 매우 어렵다는 거야. 그래서 대도시인 뉴욕은 노스다코타주보다 이 문제를 더 시급히 해결해야 해.

지금은 여러 나라에서 매장 공간 부족이 정말로 큰 걱정거리가 되었어. 세계에서 인구 밀도가 세 번째와 네 번째로 높은 싱가포르와 홍콩이 좋은 사례야. 싱가포르에는 1제곱킬로미터의 면적에 7,000명이 넘게 살아. 7,000명이라니. 반면에 미국은 35명에 불과해. 싱가포르 사람들이 서글픈 표정으로 "우리는 매장할 땅이 없어"라고 말할 때, 그 말은 진심이야. 싱가포르의 추아 추캉 묘지는 전국에서 유일하게 아직까지 매장이 가능한 묘지야. 싱가포르는 면적이 아주 작아서 묘지를 더 만들 빈 땅이 아예 없어. 정부는 1998년에 매장 기간을 15년으로 정한 법을 제정했어. 즉 15년이 지나면, 네 시신을 파내어 화장한 뒤 봉안당에 보관해야 해. 봉안당은 영묘와 비슷한 건물인데, 화장한 유골을 안치하는 곳이야.

매장을 아예 안 하겠다면, 화장과 알칼리 가수 분해(앞에서 말한 불 대신 물을 쓰는 수화장을 말해)가 탁월한 대안이야. 그러면 너는 약 1.8~2.7킬로그램의 재가 될 것이고, 흩뿌려지거나 집 안에 놓일 거야. 매장을 원한다면, 미국도 다른 나라와 같은 방식을 채

택할 때가 오겠지. 즉 뭣자리를 재활용하는 거야. 할머니의 시신이 다 썩어 분해될 때까지 기다렸다가, 유골을 수습하고 다른 시신에게 그 자리를 넘겨주는 거지. 나 말고 이런 식으로 표현하는 사람이 또 있을지 모르겠네? 꽤 궁금해지는데!

사람이 죽을 때 하얀빛을 본다는 말이 사실일까?

맞아, 그래. 눈부신 하얀빛은 천국의 천사들에게로 가는 통로야. 질문해 줘서 고마워!

그런데 솔직히 말하면, 나는 왜 몇몇 사람들이 죽음이 가까워질 때 하얀빛을 보는지 정확히 몰라. 아직까지 완벽한 설명을 내놓은 사람은 아무도 없어. 종교계는 그 빛을 사후 세계로 가는 초자연적인 터널이라고 볼지도 몰라. 과학계는 뇌의 산소 부족으로 생기는 현상이라고 볼지도 모르고.

다만 우리가 아는 건 이런 기이한 경험이 일어난다는 거야. 때로 다양한 종교적·문화적 영역에서 그럴듯하게 꾸민 내용을 진짜인 듯이 전하는 사례도 많지만. 생사의 갈림길에서 살아남은 사람들은 대체로 이와 비슷한 경험을 해. 과학자들은 임사 경험이라고 부르지. 무시무시하게 들릴 테지만, 아주 드문 일은 아니야. 미국인의 약 3퍼센트는 임사 경험을 했다고 말해. 병원의 노인 환자들을 대상으로 한 조사에서는 18퍼센트까지 나왔지.

모든 임사 경험이 똑같지는 않다는 점을 명심해. 모두가 반짝이는 하얀빛 속으로 걸어 들어갈 때, 어릴 적 기르던 반려동물과 쩔쩔매던 취업 면접 장면이 눈앞에 스쳐 지나가는 것은 아니야. 한 조사에 따르면, 임사 경험자의 약 절반은 자신이 사망했다는 사실을 온전히 의식하고 있었다고 해(죽음을 얼마나 오싹하게 느끼느냐에 따라서 좋을 수도 있고 나쁠 수도 있었어). 4분의 1은 유체 이탈을 경험했대. 이른바 그 눈부신 터널을 지나갔다는 사람은 3분의 1에 불과했어. 또 아주 지독한 경험이었다고 말한 이들도 있어. 우리는 임사 경험이 긍정적이고 황홀할 것이라고 상상하지만, 그렇다고 말한 사람은 절반에 불과했어. 즉 아주 끔찍한 경험일 수도 있다는 거지.

임사 경험이 인류 역사 내내 다양한 문화에서 나타났다고 보는 학자들도 있어. 고대 이집트, 고대 중국, 중세 유럽에서도. 이런 문화들(그리고 또 다른 문화들)은 임사 경험에 거의 들어맞는 종교적 체험 이야기를 간직하고 있어. 그래서 닭이 먼저냐 달걀이 먼저냐 하는 흥미로운 난제가 생기지. 임사 경험이 어떤 보편적인 종교적 체험일까? 아니면 종교적 체험이 인간 뇌의 작용, 즉 신경과학과 생물학에서 나오는 것일까?

개인이 임사 경험을 하는 환경(원한다면 분위기라고 해도 돼)

은 어떤 사회에 사느냐에 따라 결정될 수도 있어. 예를 들어, 미국의 기독교인은 터널에서 천사의 환영을 받는 반면, 힌두교인은 죽음의 신이 보낸 저승사자를 만날 수도 있어. 옥스퍼드 대학교 연구자 그레고리 슈샨은 임사 경험을 전혀 다른 식으로 설명해. 개인이 속한 문화에서 이끌어 낸 인물들이 등장한다는 거야. "어떤 사람은 전차를 모는 켄타우로스의 모습을 한 예수를 보았다고 했다. 어떤 사람은 심장이 자기 가슴 바깥에서 뛰고 있고, 머리털이 주교의 모자 모양을 하고 있었다고 했다."

임사 경험을 연구하는 과학자들을 더욱 어렵게 만드는 문제는 굳이 죽는 경험을 하지 않고서도 얼마든지 임사 경험을 할 수 있다는 거야. 버지니아 대학교 연구진은 임사 경험을 했다고 말한 환자들 중 실제로 절반 남짓은 의학적 위험에 빠진 적이 없다는 사실을 알아냈어. 죽음이 아직 멀리 있는 상태에서 임사 경험을 했다는 거지.

그러니 왜 이런 일이 일어나는지에 대한 몇 가지 (과학적) 설명을 살펴볼까? 네가 뇌 전문의라면 '신체 다중 감각 통합 교란' 처럼 멋져 보이지만 어려운 용어로 임사 경험을 설명할 가능성이 높아. 뇌에서의 엔도르핀 분비, 혈중 이산화 탄소 과다, 관자엽 활동 증가 같은 것으로 설명하려는 시도도 있어.

하지만 더 단순한 설명을 찾아볼까? 이 기이한 빛의 터널을 경험한 또 다른 집단이 있어. 바로 전투기 비행사들이야. 고속 비행은 저혈압 실신이라는 현상을 일으킬 수 있어. 뇌로 들어가는 피와 산소가 부족해지면서 발생해. 이 일이 벌어지면 조종사는 아무것도 못 보게 돼. 먼저 시야의 가장자리가 사라지면서 밝은 터널을 들여다보는 듯한 경험을 하게 돼. 많이 들어 본 말이지?

과학자들은 터널 끝에서 빛이 비치는 현상이 망막 허혈의 산물이라고 봐. 눈에 피가 제대로 공급되지 않을 때 생긴다는 거지. 눈으로 흘러가는 피가 적어지면, 시력이 감소해. 극도로 공포에 질릴 때에도 망막 허혈이 일어날 수 있어. 공포와 산소 감소는 둘 다 죽음과 관련이 있어. 이 맥락에서 보면, 임사 경험의 특징인 극도로 하얀 터널이 훨씬 더 잘 납득되지.

네가 종교를 지녔다면, 신이 마법 같은 일을 한다고 믿을 수도 있겠지. 그러나 과학자들(신을 믿는 과학자도)은 뇌가 마법처럼 보이고 느껴지는 일들을 할 수 있다고 생각해. 즉 임종 순간이 어떠할지는 생물학적으로 결정된다는 거야. 나는 종교를 믿지는 않지만, 내가 죽는 순간에 전차를 탄 켄타우로스 예수가 나를 태우러 온다고 100퍼센트 확신해.

벌레는 왜 사람 뼈를 먹지 않지?

화창한 여름날 너는 공원에서 점심을 먹고 있어. 튀긴 닭 다리를 뜯자 바삭한 껍질과 물컹한 살이 입안에 들어와. 너는 이어서 뼈까지 우적우적 씹어 먹을까? 「잭과 콩나무」에 나오는 거인처럼? 아니겠지?

네가 동물 뼈를 먹지 않는데, 왜 송장벌레가 나타나서 네 뼈를 먹을 것이라고 기대하지? 우리는 자연계의 무명 영웅인 사체를 먹는 생물들에게 너무 많은 것을 바라고 있어. 그들은 네크로파지(necrophage), 즉 죽음을 먹는 자들이야. 죽어 썩어 가는 몸을 먹으면서 살아가는 생물들이지. 대단하지! 사체를 먹어 치우는 생물들이 없다면 세상이 어떻게 될지 한번 상상해 봐. 어디에나 사체가 넘쳐 날 거야. 도로에서 차에 치여 죽은 동물? 네크로파지가 없다면 하염없이 그대로 놓여 있겠지.

네크로파지는 기적 같은 일들을 해내리라고 우리가 기대하는 만큼 사체를 제거하는 일을 아주 잘해. 네가 네 방 청소를 아주 잘하면, 엄마가 매번 완벽하게 청소하기를 기대하는 것과 비슷해. 하지만 기대 수준을 너무 높게 설정하지는 않는 게 나아. 위험을 무릅쓸 가치가 없거든.

시체를 먹는 생물은 다양해. 도로 옆에 늘어진 간식거리를 덮치는 독수리도 있어. 16킬로미터가 넘는 곳에서 죽음의 냄새를 맡는 검정파리도 있어. 말라붙은 근육을 뜯어 먹는 송장벌레도 있고. 죽은 사람의 시신은 생태적 지위들로 가득한 별세계야. 먹으러 오는 생물들에게 각양각색의 집과 먹이를 제공하거든. 죽음의 식탁에는 좌석이 아주 많아.

앞에서 말한 수시렁이 기억해? 네 부모님의 머리뼈를 깨끗이 발라내는 데 쓸 수 있다고 말한 쓸모 있는 귀염둥이 말이야. 그들은 뼈를 훼손하지 않은 채 살을 모두 발라 먹는 일을 해. 분명히 말해 두자. 우리는 그들이 뼈를 먹어 치우는 것을 원치 않아. 다른 방법들(강력한 화학 물질 등)은 뼈를 상하게 할 뿐 아니라, 범죄 수사에 유용한 단서가 될 뼈에 난 자국 같은 증거들도 훼손하기 쉬우니까 더욱 그래. 그래서 수많은 수시렁이 무리에게 그 지저분한 일을 맡기는 거야. 게다가 그들이 뼈까지 다 먹지 않는다고 투덜거리는 사이에, 사실 피부, 털, 깃털도 먹어 치우고 있어!

이쯤 하면 질문이 나올 거야. 수시렁이는 왜 뼈까지 먹지 않는 걸까? 단순한 답은 먹기 힘들다는 거지. 게다가 뼈는 영양가 측면에서 곤충에게 별 도움이 안 돼. 뼈는 주로 칼슘으로 이루어졌는데, 곤충은 그 성분이 그다지 많이 필요하지 않거든. 수시렁이 같은 곤충은 칼슘이 별로 필요하지 않기에, 뼈를 먹거나 원하는 쪽으로 진화하지 않았어. 네가 원하는 것과 달리 뼈를 먹는 데에는 별 관심이 없어.

여기서 반전! 수시렁이가 대개 뼈를 즐기지 않는다고 해서, 아예 입도 대지 않을 거라는 말은 아니야. 노력에 비해 효과가 별로 없어서야. 뼈는 절망감을 불러일으키는 먹이지만, 먹이임은 분명해. 메릴랜드 대학교의 농업 교육학자 피터 코피는 사산된 새끼양의 뼈대를 발라내기 위해 암검은수시렁이를 썼을 때 그 사실을 직접 볼 수 있었다고 말해 주었어. 다 자란 양의 뼈는 튼튼하지만 "태아나 갓 태어난 새끼의 뼈대에는 아직 융합되지 않은 부위가 몇 군데" 있다고 말이야. 그는 수시렁이가 깨끗이 발라 먹은 새끼 양의 뼈를 살펴보았어. "커다란 애벌레가 들어갈 만한 둥근 구멍들이 뼈에 나 있었어요." 덜 치밀하고 연약한 뼈라면 속까지 수시렁이가 파고든다는 거지. 하지만 그는 이렇게 덧붙였어. "먹이가 부족하고 딱 맞는 환경 조건이 갖추어져야만, 어쩔 수 없이 뼈를 먹을 겁니다. 그런 사례가 흔히 관찰되지 않는 이유가 그 때문일 거예요."

따라서 수시렁이처럼 시체의 살을 먹는 곤충은 대체로 뼈를 먹지 않지만, 배가 너무 고프면 먹는다는 거지. 사람도 같은 식으로 행동해. 16세기 말에 프랑스 파리가 봉쇄되자, 시민들은 굶주림에 시달렸어. 그러다 개와 고양이, 쥐까지 다 먹어 치웠어. 결국에는 묘지를 파헤쳐서 시신을 해체하기 시작했지. 그들은 뼈를 골라내어 가루로 만들어서 반죽을 빚었어. 그렇게 만든 것이 몽팡시에 부인 빵이야. 뼈에 좋은 음식이야! (사실 뼈에 별 도움이 안 되었을지도 몰라. 그 뼛가루 빵을 먹은 이들 중에 죽은 사람이 많았으니까.)

뼈를 즐기는, 정말로 뼈에 입맛을 들인 생물은 없는 것 같아. 하지만 잠깐, 오세닥스(Osedax)를 소개하지 않았네. 뼈 벌레야. 오세닥스는 라틴어로 '뼈를 먹는 자', '뼈 탐식자'라는 뜻이야. 뼈 벌레는 작은 애벌레일 때는 어두컴컴한 깊은 바닷물에서 떠다녀. 그러다가 어느 날 고래나 코끼리 물범 같은 커다란 동물의 사체가 불쑥 위에서 떨어져 내리곤 해. 그러면 뼈 벌레는 달라붙어서 먹기 시작해. 제대로 말하자면, 오세닥스도 사실 뼈에 든 무기물을 게걸스럽게 먹어 대는 것은 아니야. 뼈에 구멍을 파서 콜라겐과 지질을 찾아 먹어. 고래가 흔적 없이 사라지면 이 벌레도 죽어. 하지만 죽기 전에 애벌레들을 충분히 만들어. 이 애벌레들은 물속을 떠다니면서 다른 사체가 떨어져 내리기를 기다려.

뼈 벌레는 식성이 까다롭지 않아. 배에서 소나 네 아빠의 사체를 내던진다면(그러지 마) 그 뼈도 먹을 거야. 뼈 벌레가 공룡 시대 때부터 거대한 해양 파충류를 먹어 왔다는 강력한 증거가 있어. 즉 고래 사체를 먹는 이 동물이 고래보다 더 오래전부터 살았다는 거지. 오세닥스는 자연에서 뼈를 먹는 생물 중 최고야. 게다가 모습도 아름다워. 심해에 깔린 해진 카펫처럼 주홍색 관들이 뼈에 붙어서 흔들거리는 모습이야. 놀랍게도 과학자들이 이 동물을 발견한 것은 2002년이었어. 그러니 뼈를 게걸스럽게 먹어 치우는 또 다른 생물이 있을지 누가 알겠어?

시신을 매장하고 싶은데 땅이 꽁꽁 얼어붙었다면 어떻게 하지?

나는 하와이에서 자랐어. 혹독한 겨울을 모르는 곳이지. 어른이 된 지금은 캘리포니아주에서 장례식장을 운영해. 마찬가지로 겨울이 없는 곳이야. 한마디로, 나는 이 질문에 대답할 자격이 없다고 할 수 있지. 나는 착암기를 몰고서 얼어붙은 땅을 깨러 갔던 적이 없어. 우리가 묘지 옆에서 매장식을 열 때 유족과 문상객들은 추위에 덜덜 떨면서 오밀조밀 모여 있지 않아. 여기저기 흩어져 있고 에어컨이 빵빵 나오는 차에 들어가고 싶어 하지.

그러나 캐나다는 어떨까? 노르웨이는? 겨울 추위에 땅속 깊은 곳까지 꽁꽁 언 지역은? 영구히 얼어붙은 곳도 있어. 시신의 사후 경직과 비슷해. 네 추측보다 훨씬 더 단단하고 딱딱해. 장비를 써도 구멍을 뚫고 흙을 파내어 무덤을 만들기가 여간 어렵지 않아. 그것이 바로 인류 역사 대부분에 걸쳐서 그런 일을 아예 하지 않았던 이유야.

1800년대 미국에서는 혹독한 겨울에 사람이 죽으면, 봄이 될 때까지 매장할 수가 없었어. 추위가 수그러들 때까지, 시신을 안치묘라는 곳에 넣어 두었어. 안치묘는 무덤과 비슷해 보이는 외부 구조물인데, 땅이 얼어붙은 계절에는 죽은 사람을 넣은 관들을 모두 이 공동 무덤에 보관하곤 했지. 바깥은 이미 지독히 추우니까, 안치묘는 천연 냉동고 역할을 했어.

겨울에 시신을 보관하는 더 평범한 건물도 있었어. 들으면 충분히 어떤 곳인지 짐작할 수 있는 이름인 '사자의 집(dead house)'이라 불리는 곳이었지. 사자의 집은 유럽, 중동, 미국 일부 지역, 캐나다에서 쓰였어. 죽음의 집 또는 시신의 집이라고도 했지. 19세기와 20세기, 아니 빠르면 17세기부터 사람들은 이런 사자의 집에 시신을 안치하고서 겨울이 지나기를 기다리곤 했어.

나는 따뜻한 지역에서 매장 일을 하고 있지만, 운 좋게 이런 사자의 집을 연구하는 고고학자 로빈 레이시를 알게 되었지. 로빈은 이렇게 말했어. "그런 집이 아직도 남아 있는 곳이 있어요. 남았을 뿐 아니라, 지금도 쓰이고 있어요!" 실제로 지역 공동묘지를 돌아다니다가 사자의 집 옆을 지나갈 수도 있어. 목재(또는 벽돌)로 지은 단순한 구조물이라 그냥 도구 창고라고 착각할 수 있지.

오랜 세월, 겨울 장례 절차는 묘지에서가 아니라 사자의 집에서 끝나곤 했어. 문상객들이 매장지까지 곧장 가는 것이 정상이지만, 땅이 꽁꽁 얼었다면 시신은 봄이 올 때까지 기다려야 했지.

몇몇 문화에서는 매장을 아예 포기했어. 바위가 너무 많고 땅이 얼어붙었을 때도 많아서 매장할 만한 곳을 찾기가 어렵고, 나무가 잘 자라지 않아 화장에 쓸 장작도 부족한 티베트 산악 지대에서는 다른 형태의 장례 방식이 발달했어. 오늘날까지도 탁 트인 곳에 시신을 내놓는 조장을 지내. 그러면 독수리가 와서 시신을 먹어. 네가 죽은 뒤에 고양이가 너를 먹을 수도 있지만, 독수리는 너를 조각조각 찢어서 하늘로 갖고 올라가. 하지만 내 고국인 미국은 (아직) 독수리에게 먹히는 장례를 치를 준비가 안 되어 있는 듯해.

그렇다면, 오늘날 시신을 묻으려는데 땅이 얼어붙었다면 어떻게 할까? 요즘은 여러 기술 덕분에 사자의 집은 이제 시대에 뒤떨어진 것이 되었어(비록 나는 우리 장례식장 별명으로 '사자의 집'이라는 말을 여전히 쓰지만 말이야). 미국 대다수 묘지는 추위가 극심한 겨울에도, 땅이 꽁꽁 얼었어도 시신을 묻을 수 있어. 몇몇 주에서는 법으로 그렇게 하도록 정해 놓기도 했어. 위스콘신과 뉴욕 같은 주는 공동묘지 측에서 더 따뜻해질 때까지 시신을 보관하는 것을 금지해. 적절한 기간 안에 매장해야 하지. 영하든 아니든 간에 말이야.

반면에 언 땅을 팔 인력이나 장비를 갖추지 못한 시골 공동묘지도 아직 있어. 이런 시골 지역은 겨울에 시신을 묘지까지 운구할 외진 도로에 필요한 제설 장비를 갖추지 못했을 수도 있어. 그럴 때에는 냉동이라는 구식 방식에 기대지. 봄이 올 때까지 장례식장이나 공동묘지에 있는 냉동고에 시신을 넣어 두는 거야.

이 방법을 놓고 찬반 논쟁이 일어. 반대하는 쪽은 긴 겨울에 시신을 차곡차곡 쌓아서 보관하는 게 안 좋다고 해(그 말처럼 차곡차곡 쌓지는 않아. 그저 냉동고에 여러 구가 들어가는 것뿐이야). 또 냉동고에 오래 둘수록 비용이 많이 든다고 하지. 찬성하는 쪽은 안치묘나 사자의 집과 달리, 냉동고 안은 따뜻해질 일이 없다는 점을 높이 사. 갑자기 악취가 풍겨서 놀랄 일이 없다는 거지. 또 방부 처리를 해서 매장하지 않은 시신의 부패를 늦출 수도 있고.

하지만 공동묘지 측이 단단히 언 땅을 팔 여력이 있다면(또는 법으로 그렇게 하도록 정해져 있다면), 방법은 두 가지야. 땅을 깨는 것과 녹이는 것, 또는 양쪽을 조합할 수도 있지.

땅을 깨려면 건설용 착암기가 필요해. 금방 깨지진 않아. 언 땅을 1.2미터까지 파 내려가는 데 여섯 시간쯤 걸릴 수도 있어. 무시무시해 보이는 '내릴톱'을 갖춘 굴착기를 쓰기도 해. 내릴톱은 길이가 1미터쯤 되는 금속 팔로 굴착기에 부착하는 장비야. 굴착기용 송곳니처럼 보여. 기계판 드라큘라 같지. "네 무덤을 팔 거야." 송곳니가 땅을 꿰뚫으면, 굴착기가 얼어붙은 흙을 퍼내는 거야.

어떤 공동묘지에서는 언 땅을 곧바로 파는 대신에 먼저 녹이려고 할 거야. 몇 가지 방법이 있어. 하나, 묏자리를 온열 담요로 덮어 두기. 꽤 아늑하겠지? 둘, 불타는 숯을 쫙 펼쳐 놓기. 셋, 묏자리 위에 금속 돔을 설치하고 그 안에서 프로판가스를 태워 가열하기. 이건 공동묘지 한가운데에 거대한 바비큐 그릴을 설치하는 것과 좀 비슷해 보이기도 할 거야. 안 좋은 소문이 돌 수도 있지만, 할 일은 해야지 뭐.

땅을 파기 전에 우선 녹이는 방법의 유일한 단점은 녹을 때까지 기다려야 한다는 거야. 녹는 데 열두 시간에서 열여덟 시간, 길면 스물네 시간까지 걸리기도 해. 하지만 겨울 내내 기다리는 것보다는 낫지 않아?

할아버지의 시신을 매장해야 하는데 땅이 얼었다고 해도 걱정 마. 시간이 좀 더 걸리고, 할아버지가 잠시 추운 냉동고에서 기다려야 할 수도 있지만, 아무튼 땅에 묻힐 테니까. 안됐지만, 이 모든 추가 작업에는 당연히 비용이 들어. 무료 냉동 보관 같은 것은 없단다.

음, 어떻게 죽은 사람을 말하는 거지?

막 죽은 사람은 살았을 때와 거의 같은 냄새가 날 거야. 샤워를 하고 향수를 뿌리던 중에 갑자기 사망했다고? 그러면 샴푸와 향수 냄새가 나겠지. 곰팡내 나는 병실에서 오래 누워 있다가 사망했다고? 그럼 앓던 질병과 곰팡내가 풍길 거야.

죽은 지 한 시간쯤 지날 때까지는 시신이 부풀거나 녹색을 띠거나 구더기가 들끓는 일이 일어나지 않아. 바깥이 아무리 덥고 습한들 신경 쓸 이유가 없어. 현실은 공포 영화 속 장면과 달라. 그런 현상이 일어나려면 시간이 더 흘러야 해. 우리 장례식장은 엄마의 시신을 집에 두고 싶으면서도 죽음의 '냄새'가 날까 걱정하는 유족들을 위해 자세히 설명해. 구더기가 우글거리는 일은 일어나지 않는다고 말한 뒤, 스물네 시간 이상 집에 모시고 싶다면 얼음주머니를 써서 시신을 냉각해야 한다고 안내해.

사망하자마자 시신 냄새가 나지 않는 이유는 전형적인 '썩는 냄새'는 부패의 산물이고, 부패 현상은 며칠이 지난 뒤에 나타나기 때문이야. 사람이 죽어도 창자에 사는 세균은 곧바로 죽지 않는다고 말했지? 이런 장내 세균은 죽지 않을 뿐 아니라 점점 게걸스러워져. 못 참게 돼. 이윽고 다른 용도로 쓰이던 네 몸을 분해해서 유기 물질로 삼을 준비를 해.

장내 세균만이 아니야. 인체에는 온갖 생물이 우글거려. 우리 몸은 미생물들의 생태계라고 할 수 있지. 미생물들은 새로운 먹이(시신)를 분해하면서 휘발성 유기 화합물이 든 기체를 뿜어내. 이 중에서 황을 함유한 화합물이 대개 악취를 풍기는 주범이야. 그러니까 유달리 강하게 나는 썩은 달걀 냄새를 맡는 것도 당연해. 황은 많은 악취의 주범이거든.

숲에서 시신을 찾도록 특수 훈련을 받은 개들은 휘발성 유기 화합물의 냄새를 맡아. 검정파리류도 이런 냄새를 맡고 모여들어. 그들은 시신의 냄새를 맡는 후각 수용기를 지녔어. 썩어 가는 달콤한 냄새(즉 시신 냄새)는 알을 낳기에 딱 좋은 구멍들을 가진 시신이 저기에 있다고 알려 주는 신호와 같지. 얼마 뒤에는 파리 애벌레(구더기)가 시신을 뒤덮을 거야. 축하해, 검정파리 엄마. 알을 낳기에 딱 좋은 자리를 찾았구나.

시신 냄새를 풍기는 화학 물질 중 가장 잘 알려진 것 두 가지는 푸트레신과 카다베린이야. 앞서 말했듯 '부패'와 '시체'라는 영어 단어에서 따온 이름이지. 과학자들은 이런 악취가 네크로몬(necromone) 역할을 한다고 믿어. 즉 시체에 혹하거나 시체를 피하게 만드는 화학 물질을 말해. 네가 시신 찾는 개나 검정파리라면, 이런 냄새를 맡았을 때 찾던 시신을 발견했다는 것을 알게 돼. 네가 썩어 가는 동물 사체를 먹는 청소동물이라면, 이런 네크로몬이 맛있는 음식 냄새처럼 느껴질 거야. 네가 따분한 노인이라면(이를테면 장례 지도사) 그 냄새는 방 밖으로 나가서 신선한 공기를 마시고 싶다는 기분이 강하게 들게 할 거야.

장례식장에 오는 시신은 대부분 부패 단계에 온선히 들어선 상태가 아니야. 아직 시간이 덜 지났으니까. 장례를 치르는 동안 부패를 막기 위해, 우리는 시신을 곧바로 냉동고에 넣어. 그러면 부패 속도가 느려져. 그렇다고 해서 부패한 시신이 장례식장에 오지 않는다는 말은 아니야. 때로 며칠 또는 몇 주가 지난 뒤에 발견되기도 하니까. 그런 시신을 우리 미국의 장례업계에서는 '디컴프'라고 해. 디컴포지션(decomposition, 부패)의 줄임말이야.

부패한 시신의 냄새를 맡아 본 사람은 그 경험을 좀처럼 잊지 못해. 나는 장례식장 관리자와 검시관에게 비공식적으로 설문 조사를 했어. 그 잊히지 않는 냄새를 뭐라고 묘사할지 물어보았지. "도로에서 치여 죽은 동물의 냄새지만 더 심한"이라는 말부터 "썩어 가는 야채, 뭉그러진 방울 양배추나 브로콜리와 비슷한",

“냉장고 안에서 썩은 쇠고기”에 이르기까지 다양하게 묘사했어. “썩은 달걀”, “감초”, “쓰레기통”, “하수구” 냄새라고 일컬은 이들도 있었지.

나는 어떠냐고? 음, 부패한 시신의 냄새를 어떻게 묘사해야 할까? 시인이 필요해! 코를 찌르는 썩어 가는 냄새에다가 느끼하게 달콤한 냄새가 섞였다고 할까? 썩은 생선에다가 할머니의 매우 진하고 달콤한 향수를 뿌린 것? 그 생선을 비닐봉지에 넣고 밀봉한 뒤 며칠 동안 강렬한 햇살 아래 놔두는 거야. 그런 뒤 봉지 안에 코를 들이밀고서 숨을 들이마셔 봐.

비록 시신 냄새를 한마디로 묘사할 수는 없지만, 독특하다는 것은 알아. 훈련 안 된 코로는 세밀하게 구별할 가능성이 적긴 하지만, 연구자들은 시신이 “독특한 화학 물질 칵테일”, 나름의 부패 향수라는 점을 알아냈어. 부패 작용으로 생기는 기체에 든 냄새 화합물 중 여덟 가지는 인체만이 지닌 특수한 냄새를 풍겨. 아니, 100퍼센트 ‘우리만의’ 것이라고 말할 수는 없겠네. 돼지도 이 화합물들을 지니거든. 돼지야, 우리에게 양보해 줄 순 없겠니?

흥미롭게도 예전에는 인류가 죽음의 냄새에 훨씬 더 익숙했어. 주된 이유는 냉동 기술과 인체 보존 기술이 별로였기 때문이야. 오랜 친구 린지 피츠해리스 박사는 19세기의 해부학과 해부실을 연구해. 현대 장례식장의 냉동고에서 악취가 날 것이라고 생각하니? 우리가 200년 전 해부실에 들어갈 필요가 없었다는 사실에 기뻐하자. 당시 의대생들은 인체의 해부학적 수수께끼를 이해하고자 애쓰면서 "고약한 시신"과 "썩은 악취물"이라고 묘사되던 시신을 해부했어. 시신을 냉동 보관하지 않고 방에 장작처럼 쌓아 두었지. 시신을 다루는 이들은 쥐들이 "구석에서 피가 흐르는 척추를 쏠아 대고" 새들이 모여들어서 "시체 조각들을 놓고 싸우는" 광경을 목격하곤 했어. 의대생들은 심지어 그 옆방에서 잠을 자곤 했지.

1800년대 중반, 의사 이그나즈 필리프 제멜바이스는 수련의보다 산파의 도움을 받아 출산한 산모가 더 많이 살아남는다는 사실을 발견했어. 수련의는 시신을 만지고 해부하던 손으로 그냥 들어와 아기를 받곤 했지. 제멜바이스는 시신을 만진 손으로 곧바로 아기를 받는 것이 위험하다고 믿었어. 그래서 그 전에 반드시 손을 씻어야 한다고 주장했지. 방법은 먹혔어! 처음 몇 달 사이에 산모 감염률이 10분의 1에서 100분의 1로 낮아졌어. 안타깝게도 당시 의료계는 대부분 그의 발견을 받아들이지 않았지만 말이야. 의사들에게 손을 씻도록 하는 일이 너무나 어렵다는 점도 한 가지 이유였어. 의사라면 모름지기 손에서 "병원 냄새", 즉 악취가 풍겨야 한다고 여겼거든. 그들은 그 악취를 "전통적인 병원 냄새"라고 했어. 한마디로 썩어 가는 시신 냄새야말로 의사의 영예로운 상징이라고 자부하면서 냄새를 없앨 생각을 아예 안 한 거야.

00시 00분, 사망하셨습니다.

할머니의 몸속 미생물들
선고 났는데 슬슬 작업 시작할까요?
조금 기다려. 아직이야.

빨리 일 시작하면 더 일찍 퇴근할 수 있잖아욧! 대장님은 항상 며칠씩 미루시더라??

우리가 작업을 시작하면 시신에서 지독한 냄새가 난다는 걸 알지?

남은 사람들에게 인사할 시간을 준다고 생각해.

그동안 이 몸에 신세 졌으니 이 정도는 기다릴 수 있지.

멀리 전쟁터에서 죽은 병사, 즉 시신을 찾지 못한 병사는 어떻게 될까?

이 책에는 "비행기에서 죽으면 어떻게 될까?", "우주에서 죽으면 우주 비행사는 어떻게 될까?"처럼 현대적인 질문들도 있어. 반면에 이 질문처럼 수천 년 전부터 내려온 질문도 있지.

19세기 이전에는 죽은 병사의 시신을 멀리까지 운구하는 일이 거의 없었어. 수백 또는 수천 명씩 죽어 나가는 전쟁터에서는 더욱 그랬지. 가장 맨 앞에서 싸우다가 창이나 칼, 화살에 찔려 죽은 보병이라면, 그대로 버려질 가능성이 높았어. 운이 좋다면, 전쟁터에 남겨져서 그냥 썩어 가는 대신에 집단 무덤에 묻히거나 화장되는 영예를 얻을 수도 있었지. 아주 지위가 높은 이들은 고국으로 모셔 와서 장례를 치렀어. 장군, 왕, 유명한 전사 같은 이들이야.

영국 제독 허레이쇼 넬슨의 예를 들어 볼까? 그는 나폴레

옹 전쟁 때 자기 배의 갑판에서 프랑스 저격수의 총에 사망했어. 함대는 승리했지만(축하해) 지도자는 사망했지. 그래도 영웅이니까 고국으로 모셔 가야 했어. 귀국하는 동안 시신을 보존하기 위해서, 선원들은 넬슨의 시신을 브랜디와 아쿠아 비타이(이 말 자체는 '생명의 물'이라는 뜻인데, 실제로는 아주 독한 술이야. 이상하지?)를 채운 통에 담갔어. 영국까지 가는 데 한 달이 걸렸고, 그동안 넬슨의 몸에서 나온 기체가 통 안에 계속 쌓였어. 그러다가 결국 뚜껑이 펑 터졌어. 야간 경비를 서던 군인은 깜짝 놀랐지.

그 뒤로 배의 선원들이 넬슨 제독이 담긴 통의 '방부액' 역할을 하는 술을 몰래 홀짝홀짝 마신다는 소문이 돌았어. 마카로니를 작은 빨대 삼아 브랜디를 빨아 마시고, 범죄를 속이기 위해 뚜껑 틈새로 싸구려 포도주를 흘려 넣었다는 거야. 개인적으로 나는 시신이 둥둥 뜨지 않은 포도주 쪽을 고수하겠지만, 당시 영국 병사들은 술을 극도로 좋아했대.

서양 역사를 보면 대개 전쟁 때에는 용병을 고용해 전쟁터로 보내곤 했어. 그들이 이기면 승리의 영예는 왕, 더 나중에는 대장군에게로 돌아가곤 했어. 20세기 초에 미국은 '인도적 차원'에서 일반 병사의 시신을 고향으로 옮겨 와야 한다고 인식했어. 윌리엄 매킨리 대통령은 심지어 쿠바와 푸에르토리코에서 스페인 군대와 싸우다 죽은 군인들의 시신을 가져올 부대까지 창설했지.

이 생각이 그 뒤로 아무 문제 없이 순탄하게 실현되었다는 뜻은 아니야. 정반대야. 제1차 세계대전 이후에 미국은 이런 식이었어. "어이, 프랑스. 우리가 지금 병사들의 시신이 있는 집단 무덤을 모조리 발굴하러 가는 중이거든. 좀 이따 봐." 그런데 전후 재건 작업에 열심히 몰두하는 프랑스로서는 그렇게 엄청난 발굴 작업으로 지역이 난장판이 되는 꼴을 보고 싶지 않았지. 또 아들과 남편을 잃은 많은 미국인들도 무덤을 파헤친다는 소식에 그다지 기뻐하지 않았어.

시어도어 루스벨트 대통령도 군 조종사였던 아들의 유해가 독일에 그대로 평온하게 묻혀 있기를 바랐지. 그래서 이렇게 말했어. "많은 선량한 사람들이 다르게 생각한다는 것을 알지만, 우리는 영혼이 떠난 가여운 시신을 오랜 세월이 흐른 뒤에 옮긴다는 생각을 하면 고통스럽고 가슴이 미어집니다."

결국 미국 정부는 어떻게 하는 편이 나은지 알고 싶어서 유족들에게 설문 조사를 했어. 그 결과 군인의 유해 4만 6,000구는 미국으로 돌아왔고, 3만 구는 유럽의 군인 공동묘지에 묻혔어. 한 세기 넘게 흐른 지금도 네덜란드와 벨기에 사람들이 해마다 꽃을 들고 두 세계대전 때 희생된 미국 군인들의 무덤을 찾는다는 감동적인 이야기가 종종 들리곤 해. (네가 할머니 기일에 묘소에 가고 싶지 않을 때 이 이야기를 떠올려 봐.)

그러나 네 질문에 담겨 있듯이, 한눈에 알아볼 만큼 완벽하게 온전한 모습으로 고국으로 운구할 수 없는 시신도 있겠지. 제

2차 세계대전 때 싸운 미국 군인 중 아직 시신을 못 찾은 이들이 7만 3,000명이나 돼. 1953년에 끝난 한국 전쟁에서 실종되어 못 찾은 군인도 아직 7,000명이 넘어. 이들의 유해는 대부분 북한에 있는데, 외교 협상이 순탄치 않은 상황이야.

2016년 이래로 미국 국방부의 전쟁 포로 및 실종자 확인국은 실종된 시신과 유해를 찾아내고 확인하는 일을 해 왔어. 이 기관의 조사관들은 목격담과 역사 기록, 법의학 등 모든 수단을 써서 유해가 있을 만한 지역의 범위를 좁혀. 그런 뒤에 특정한 위치라는 확신이 들면, 회수 팀을 보내. 그들은 과학적 조사를 통해 유해를 찾아내는 일을 해. 대단한 일처럼 여겨지지만(국제적인 시신 수수께끼!) 사실은 장례식장에서 하는 일과 거의 비슷해. 실제 업무는 허가와 승인을 받아서, 지역 정부 및 유족과 협조하여 일이 원활히 진행되도록 하는 것이 대부분이야.

군인이 내일 죽는다면 어떤 일이 일어날지 살펴볼까? 시신을 어떻게 다루어야 할까? 나는 미국 군대를 사례로 들곤 해. 미국은 군사 강국이야(좋든 나쁘든 간에). 미국 영토 내에서 군인이 싸우다가 죽을 일은 없다는 의미지. 오히려 미국 군인은 먼 나라에서 죽이거나 죽곤 해. 네가 정부의 군사 정책, 아니 더 나아가 전쟁 자체를 보는 관점이 다르다고 해도, 죽은 군인의 유족이 유해를 집으로 가져오고 싶어 하는, 아니 적어도 적절히 묻히거나 화장되기를 원하는 심정에는 공감할 수 있을 거야.

시신 송환 작업은 이렇게 진행돼. 최근에 이라크와 아프가니스탄에서 일어난 전투로 사망한 미국 군인의 유해는 거의 다 델라웨어주 도버 공군 기지에 있는 도버항 영안소로 들어왔어. 이 영안소는 공군이 운영하는데, 세계 최대야. 하루에 시신 100구를 처리할 수 있고, 1,000구 넘게 보관할 수 있는 냉동고도 있어. 이렇게 시설 규모가 큰 덕분에 존스타운 집단 자살, 베이루트 해군 사령부 폭격, 챌린저호와 컬럼비아호 우주 왕복선 폭발, 9·11 국방부 테러 공격 때의 시신들이 맨 처음 이곳으로 보내졌지.

도버항 영안소에 도착한 시신은 먼저 폭발물 처리실로 옮겨져. 혹시라도 몸속에 폭탄이 숨겨져 있을지 확인하기 위해서야. 그런 뒤 전신 엑스선 촬영, FBI 지문 분석, DNA 검사를 통해서 얻은 정보를 부대로 가기 전에 뽑아 둔 혈액 표본과 비교해서 공식적으로 신원을 확인해.

장례 지도사는 군인의 시신을 유족에게 보여 줄 준비를 해. 유족의 약 85퍼센트는 시신을 볼 수 있어. 하지만 도로 옆에서 폭탄이 터지는 등 험한 사고로 죽는다면, 몸을 기워서 맞출 부위가 거의 남아 있지 않아. 그런 유해는 천으로 감싸서 비닐봉지에 담아 밀봉한 뒤, 다시 하얀 천으로 감싸고 녹색 담요를 덮어. 마지막으로 그 위에 군복을 대고 핀으로 꽂아서 사람 형태를 갖추지. 몸의 일부만 받은 유족은 나중에 유해가 추가로 발견되면 받을지 말지를 선택할 수 있어.

시신이 도버항에 도착할 때 그리고 유족에게 전달될 때, 지극히 체계적이고 질서 있고 매우…… 군대식인 의식이 열려. 영안소에는 모든 부대의 모든 계급에 맞는 군복이 갖추어져 있어. 상의와 하의뿐 아니라 견장, 이름표, 띠, 깃발, 배지, 밧줄도 다 있지. 시신을 비행기에 실어 집으로 보낼 때에는 군인이 함께 타고, 시신을 비행기에 싣고 내릴 때 경례를 해(다른 비행기로 옮길 때에도). 그리고 관은 미국 국기로 덮어. 국기는 정해진 방식에 따라 접거나 덮지. 장례 지도사들은 어떤 행사에서 국기가 제대로 덮였는지 아닌지를 놓고서 온라인에서 열띤 논쟁을 벌이곤 해. (올바른 방법: 미국 국기에서 파란색 바탕에 별들이 그려진 쪽이 시신의 왼쪽 어깨에 놓여야 해.)

우리 장례식장에 시신이 들어올 때쯤이면, 나는 대체로 그 사람에 관한 정보를 꽤 많이 알아낸 상태지. 사망 경위, 직업, 심지어 어머니의 처녀 때 성이 무엇인지까지도. 전형적인 영안실에서는 같은 장례 지도사가 사망 신고서도 작성하고 유족에게 보여주기 위한 준비도 하기 때문이야. 하지만 도버항 영안소는 그렇지 않아. 이곳에서 일하는 직원은 두 부류로 나뉘어. 한쪽은 군인의 신원에 관한 사항을 처리하고, 다른 한쪽은 시신을 다루지. 기본적으로 누구도 죽은 군인을 개인적으로 가깝게 여기지 않는 편이 좋다고 보기 때문이야. 한편으로는 슬프면서 냉정하게 보이겠지만, 다른 한편으로는 2010년 『스타스 앤 스트라이프스』 잡지에 실렸듯이 "아프가니스탄이나 이라크로 파견된 장례 지도사들 중 5분의 1은 돌아와서 외상 후 스트레스 장애에 시달리"기 때문이야. 전쟁의 상처에 대처하려면 그런 엄격한 관료주의와 분리가 필요할지도 모르겠어.

알아들었어. 너는 햄스터를 사랑해. 그럴 만도 해. 그 친구는 네가 아는 대부분의 사람보다 더 사랑스럽겠지. 너와 대화도 잘 통하고. 사람들은 끔찍하지, 내 말이 맞지?

햄니발 렉터를 곱게 묻어 주고 싶은 사람이 너만은 아니야. 사람들은 떠난 반려동물이 영원한 안식을 누리도록 품격 있는 장례를 치러 주고 싶어 해. 1914년 독일 본 인근에서 1만 4,000년 된 무덤이 발견되었어. 무덤 안에는 사람 두 명(남녀)과 개 두 마리가 잠들어 있었어. 한 마리는 강아지였는데, 개 바이러스에 감염되어 아주 쇠약해진 상태였지. 두 사람이 강아지가 죽기 얼마 전까지 세심히 보살폈다는 증거가 있어. 그 바이러스에 걸리면 몸을 따뜻하게 해 주고 토사물과 설사를 계속 치워 줘야 하거든. 어떻게 사람과 개가 함께 묻히게 되었는지는 알지 못해. 상징적 차원에서 사후 세계에 함께하기를 바랐을 수도 있고, 개들을 정말로 아꼈을 수도 있지. (아끼지 않는다면 어떻게 설사를 치우겠니?)

고대 이집트인의 미라는 익숙하겠지만, 그들이 아주 정교한 동물 미라도 만들었다는 사실은 덜 알려졌어. 이집트인들은 고양이, 개, 새 심지어 악어도 미라로 만들었어. 몇몇 동물 미라는 신이나 수호자에게 공물로 바쳐지거나 사후 세계용 식량으로 제공되었을지도 몰라. 하지만 고양이는 애완동물로 사랑받았고, 자연사한 뒤 무덤에 반려동물로 함께 묻히기도 했어.

1800년대 말에 이집트 중부의 집단 매장지에서 20만 구가 넘는 농물(주로 고양이) 미라가 발굴되었어. 한 영국 교수는 이렇게 썼지. "이웃 마을의 한 이집트 농부가…… 사막 바닥 어딘가에 구멍을 파다 깜짝 놀랐다. 고양이들이 있었다! 여기저기에 한두 마리가 아니라 수십, 수백, 수십만 마리가 층층이, 대부분의 탄층보다 더 두꺼운 지층을 이루고 있었다. 10~20마리가 통에 든 청어처럼 미라 위에 미라가 꽉 눌린 양상으로 쌓여 있었다." 고양이 미라들은 잘 감싸였고, 겉에 아주 꼼꼼하게 채색과 장식이 된 것들도 있었으며, 영구히 보존하기 위해 청동 항아리에 든 것도 있었어.

오늘날 네가 야옹이를 무덤까지 안고 가겠다고 한다면 너는 고양이에 미친 케이틀린 취급을 받을 거야. 그러나 거기에 잘못된 점은 전혀 없어! 인류 역사를 보면 동물과 함께 묻힌 사례가 아주 많거든. 그러니 너와 햄스터라고 해서 다를 리가 없지 않겠어?

네가 죽어서 가족이 장례를 치르러 우리 장례식장에 왔다고 해 보자. 그들은 이렇게 말해. "그는 햄니발 렉터를 무척 좋아했어요. 관에 함께 넣을 수 있을까요?" 그러면 나는 먼저 이렇게 물을 거야. "햄니발 렉터도 죽었나요?" 살아 있다면 좀 고민을 해야 할 거야. 나는 늘 마음을 활짝 열고 싶지만, 매장하기 위해 건강한 동물을 안락사시킨다는 것은 꺼려지거든. 인류 역사 내내 동물은 지하 세계로 가는 주인의 동반자가 되도록 희생당하곤 했지만, 21세기에는 그런 방식이 윤리적이라고 보기는 어렵지. 네 햄스터가 이미 죽었다고 한다면 이런 상황을 대비하여 박제하거나 뼈 혹은 재만 남기거나 냉동고에 보관할 수도 있어.

그런데 캘리포니아주 법에 따르면, 햄니발을 네 옷 주머니에 넣어 줄 수가 없어. 화장한 뒤 재만 작은 주머니에 담아 놓았다고 해도 그래. 한마디로 사람 묘지에는 동물을 '묻을' 수 없어. 그래도 무시하고서 한다면? 음, 대답하지 않겠어. (어? 네 주머니에 앞발이 살짝 나왔는데…….)

미국의 다른 주들은 인간과 동물을 함께 묻는 문제에서 더 진보적이야. 뉴욕, 메릴랜드, 네브래스카, 뉴멕시코, 펜실베이니아, 버지니아가 대표적이야. 이런 주들에서는 햄스터(사체든 화장재든)를 너와 함께 묻을 수 있어. 영국에는 인간 묘지와 동물 묘지가 나란히 붙은 곳들이 있어. 그런 묘지에서는 햄니발 옆에 네가 묻힐 수 있지. 그리고 햄니발을 직접 네 무덤에 함께 매장할 수 있는 형태의 '합동' 묘지도 지난 10년 사이에 등장했어.

미국 대부분의 주, 심지어 캘리포니아까지도 동물을 합법적으로 매장할 곳이 어디인지를 놓고서는 법이 느슨했어. 미국의 오래된 공동묘지들을 둘러보면, 뉴욕 샌드 레이크 유니언 공동묘지에 묻힌 남북 전쟁 때의 유명한 말 모스코 같은 동물의 무덤을 볼 수 있어. 할리우드 힐스의 포리스트 론 추모 공원에는 「벤지」라는 영화에서 배우로 활약한 개 히긴스의 묘지도 있어.

사랑하는 반려동물과 함께 묻히고 싶은, 아니 묻어 달라고 요구하는 사람이 너 혼자만은 아니야. '온 가족 묘지'를 갖자는 운동도 벌여. 온 가족(엄마, 아빠, 햄스터, 이구아나)이 한곳에 묻힐 수 있도록 해야 한다는 주장이야. 점점 호응을 얻고 있지. 하지만 안타깝게도 미국의 많은 주에서는 여전히 묘지에 반려동물을 묻는 것이 절망적일 만큼 불법이야. 그런 법은 사람 묘지에 동물을 묻는 것은 실례라고 봐. 동물 사체가 들어가면 인간의 매장 의식의 품격이 떨어진다는 거야.

그런 주장도 이해가 가. 종교적이고 문화적인 이유로 네가 다른 누군가의 사랑하는 개나 돼지와 함께 땅속에 잠들기를 원치 않을 수도 있지. 게다가 많은 대도시에서 묘지가 고갈되고 있으니까, 명당자리를 그레이트데인이 차지하면 어쩌지 하고 걱정하는 것도 당연해.

나는 모든 방식의 죽음에 대처할 수 있어. 동물과 함께 묻히고 싶든 아니든 말이야. 합법적으로 동물과 함께 매장될 수 있는 곳은 네 예상보다 더 많아. 그러니까 맞아. 너와 네 복슬복슬한 친구가 함께 묻혀서 하늘에서 커다란 햄스터 쳇바퀴를 손과 발로 잡고 같이 달리는 것은 아무런 문제도 안 돼. 지역 법에 뭐라고 적혔든 장례 지도사는 반려동물의 재를 기꺼이 몰래 관에 넣어 줄지도 몰라.

물론 난 아니야, 에취! 다음 질문!

관 속에서 머리카락이 계속 자랄까?

미국 TV 사회자 자니 카슨은 이런 농담을 했어. "죽은 뒤로 사흘 동안 머리카락과 손톱은 계속 자라지만, 걸려 오는 전화는 줄어든다." 오, 자니, 대단해! 내 차디차게 굳은 손에서 스마트폰을 빼내 줘. 아주 고마워. 이제 저세상에서 오는 전화만 받아 줘.

그런데 머리카락과 손톱이 정말로 무덤 속에서 자란다면? 네가 죽은 지 30년 뒤에 무덤을 파헤치면, 바짝 마른 뼈대 위에 풍성한 은발과 길이가 2미터*나 되는 손톱이 자라 있을까?

상상만 해도 으스스한 느낌이 들 테니까, 사실이라고 말할 수 있으면 좋겠는걸! 하지만 안타깝게도 이것 역시 죽음을 둘러싼 괴담 중 하나야. 대중문화가 시작될 무렵에 나온 죽음 괴담이

* 현재 세계 기록 보유자의 손톱 길이야.

지. 기원전 4세기에 아리스토텔레스는 이렇게 썼어. "머리카락은 죽은 뒤에도 계속 자란다." 그는 머리카락이 계속 자라려면, 턱수염처럼 머리카락이 나 있는 상태여야 한다고 명확히 했어. 머리가 벗겨진 노인이라면, 사후에도 빈 부위는 채워지지 않는다는 거야.

이 괴담은 2,000년 넘게 이어졌어. 20세기에 들어서도 권위 있는 의학 학술지들에 "수도 워싱턴에서 13세 소녀의 무덤을 파냈더니 머리카락이 발까지 자라 있었다"라거나 "의사는 관 안에서 머리카락이 마구 자라서 관의 양옆 틈새로 삐져나왔다고 발표했다" 같은 이야기들이 여전히 실렸지. 머리카락이 흙 속에서 구불구불 뻗어 나간다는 생각은 흥미진진하지만, 안타깝게도 그런 일은 일어나지 않았어.

나는 이 괴담이 오로지 책과 의학 학술지와 영화 때문이라고 탓하려는 것이 아니야. 이 괴담이 사라지지 않는 이유는 머리카락과 손발톱이 죽은 뒤에도 자라는 듯이 보이기 때문이야. 사람들은 자기 눈앞에서 어떤 일이 일어나는 것을 보면, 자연 과학 개론 수업을 받는 것처럼 느껴. 하지만 내가 보고 있는 것이 내가 본다고 생각하는 것이 아니라면? 설명해 볼까?

살아 있을 때, 손톱은 매일 약 0.1밀리미터씩 자라. '흠, 잘하고 있어. 어서 빨리 자라렴, 물어뜯게!' 내 고약한 마음은 그렇게 생각하지. (얘들아, 손톱은 물어뜯지 마.) 머리카락은 하루에 0.5밀리미터보다 적게 자라.

하지만 머리카락과 손톱이 자라려면 너는 살아 있어야 해. 신체가 포도당을 생성해야 하고, 이 포도당이 있어야 새 세포가 만들어지거든. 손톱의 새 세포는 기존 세포를 밀어 내고, 그 결과 손톱이 자라지. 치약 튜브에서 치약을 밀어 낼 때를 떠올려 봐. 털도 마찬가지야. 털집 바닥에서 새 세포가 만들어지면서 얼굴과 머리에 난 털을 밖으로 밀어 내는 거야. 하지만 죽으면 포도당과 세포 생성의 모든 과정이 멈춰. 즉 더 이상 새 손톱도, 풍성한 새 머리카락도 자라지 않는다는 뜻이야.

그런데 왜 시신의 털과 손톱이 길어진 듯이 보이는 거지? 답은 풍성한 머리카락과 아무 관계가 없어. 오로지 피부와 관련이 있어. 피부는 몸에서 가장 큰 기관이야. 죽은 뒤에 피부는 탈수가 일어나곤 해. 포동포동하던 피부가 수축하고 쭈그러들지. 잘 익은 복숭아가 일주일에 걸쳐서 쪼그라드는 모습을 찍은 동영상을 본 적이 있니? 그것과 꽤 비슷해.

죽은 뒤에 손 피부에 탈수가 일어나면, 손톱 밑 피부가 당겨지면서 손톱이 더 많이 드러나. 그러면 더 길어진 것처럼 보여. 사실은 자라지 않았는데도 말이야. 그저 피부가 쪼그라들면서 손톱이 더 많이 드러난 것일 뿐이야. 털도 마찬가지야. 죽은 사람의 짧게 깎은 턱수염이 자라는 듯이 보일지 모르지만, 실제로는 아니야. 얼굴 피부가 말라서 쭈그러들면서 털 밑동이 밖으로 드러나는 것일 뿐이야. 한마디로, 털도 손톱도 자라지 않아. 털과 손톱을 감싸던 피부가 쪼그라드는 거지. 와, 우리는 2,000년 넘게 이어지던 수수께끼를 풀었어!

재미있는 사실 하나: 유족에게 시신을 보여 줄 때 손과 얼굴이 쭈글쭈글하면 좀 그렇지? 그래서 장례 지도사는 얼굴에 수분 크림을 바르고 손톱 뿌리 쪽 피부에 매니큐어를 칠하기도 해. 우리에게 사후에도 미용을 받을 자격쯤은 있지 않겠어?

화장한 유골을 장신구로 쓸 수 있을까? 

사람늘은 대개 화장이라고 하면, 장례 지도사가 유족에게 모래처럼 뽀얀 회색 가루가 담긴 봉안함을 건네는 장면을 떠올려. 이런 화장재 즉 화장한 유골은 지금은 벽장 뒤쪽에 놓이거나(안타깝게도 네 생각보다 더 흔해) 바다에 뿌려지거나 영화「위대한 레보스키」에서처럼 바람에 날려서 네 얼굴을 뒤덮을 수도 있지. 화장재는 한때 아빠였지. 그런데 정확히 어떤 부위일까? 음, 얘들아, 화장재는 아빠의 뼈를 곱게 간 거야. (여기서 째지는 헤비메탈 음악을 배경으로 넣어 주자.)

물론 이 책을 여기까지 읽었으니까 그 정도는 이미 알 거야. 하지만 화장재가 화장로에서 설탕 가루처럼 되어서 나오는 것이 아니라는 사실은 아마 모르지 않을까? 화장로 안에서 엄청나게 뜨거운 불길이 솟구치는 동안 아빠의 살을 이루는 부드러운 유기 물질은 모조리 다 타서 산타클로스처럼 굴뚝을 통해 빠져나가. 화장이 끝나고 화장로에서 꺼내는 것은 무기물인 뼈야. 말 그대로 큰 덩어리 모양의 뼈야. 넓다리뼈, 머리뼈 조각, 갈비뼈 같은 것들이지.

네가 어디에 사느냐에 따라 화장된 뼈는 둘 중 한 가지 과정을 거치게 돼. 첫 번째는 그냥 놔두는 거야. 이 뼛조각들을 그대로 커다란 봉안함에 담아서 유족에게 건네지. 내가 좋아하는 장례식 중 하나는 일본의 고쓰아게라는 것인데, 화장한 뼈를 골라서 봉안함에 담는 방식이야.

일본은 세계에서 화장률이 가장 높은 나라야. 시신을 화장하여 식힌 뒤 뼈와 재를 유족 앞에 펼쳐 놔. 유족은 하얀 젓가락으로 발 쪽부터 머리까지 재에서 뼈를 골라서 봉안함에 담지. 발 쪽부터 담는 이유는? 망자가 봉안함에서 영원히 물구나무선 자세로 있으면 안 되잖아?

넓다리뼈처럼 두 사람이 함께 집어야 할 만큼 큰 뼈도 있어. 때로는 뼛조각을 한 사람이 젓가락으로 집어서 다른 사람이 쥔 젓가락으로 옮겨 주기도 해. 젓가락에서 젓가락으로 뭔가를 옮기는 일이 무례하지 않다고 여겨지는 유일한 사례지. 일본 식당에서 돼지갈비를 그렇게 남의 젓가락으로 옮기려 한다면, 내 장례를 치르겠다는 것이냐고 한 소리 들을 수도 있어. 실례라는 뜻이지.

우아한 방식인 고쓰아게와 달리, 화장한 유골이 거치는 두 번째 과정은 더 과격해 보여. 서양에서는 뼛조각들을 뼈 분쇄기라는 기계에 넣어서 잘게 부수어. 금속 통 안에서 뼈는 윙윙 도는 날카로운 칼날에 갈려. 끝! 곱게 갈린 뼛가루가 되는 거지.

네가 뼈를 곱게 가는 방식이 주로 쓰이는 나라에 산다 해도, 뼈를 갈지 말고 그냥 달라고 요청할 수 있을까? 미국 장례법에는 화장장이 "알아볼 수 없는" 크기로 뼈를 분쇄해야 한다고 정해져 있어. 유족이 할아버지의 엉덩이뼈 조각을 알아볼까 꽤 걱정하는 듯해. 그래도 내가 아는 몇몇 화장장에서는 종교적이거나 문화적인 이유로 갈지 않은 뼛조각을 원하는 유족에게 건네주기도 해. ("여기요, 갈지 않았어요.") 그러니 요청해도 괜찮아.

이제 네가 물은 까다로운 문제를 살펴볼까? 장신구 말이야. 이 이야기를 꺼낸 이유가 뼈에 저주를 건 뒤 파괴하여 복수하겠다는 사악한 판타지를 실현하기 위해서가 아니라, 아빠를 기리기 위해서라고 생각해도 되겠지? 문제는 이거야. 아빠의 화장한 유골로 장신구를 만들려고 한다면, 네가 바라는 대로 하다가는 사실상 뼈를 파괴하게 된다는 거야.

뼈는 인산 칼슘과 콜라겐이 결합해 만들어져. 그렇게 만들어진 뼈는 아주 튼튼해서 얼마든지 장신구로 쓸 수 있어(실제로 동물 뼈로 된 브로치를 달고 다니는 사람도 있어). 하지만 그런 뼈는 부패 과정, 태양, 수시렁이 등을 통해 발라진 거야. 화장 과정을 거친 뼈가 아니야.

화장로에서 900도 이상으로 가열된 뼈는 상태가 그렇게 좋지 않아. 열은 신체 조직과 작은 뼈를 완전히 태워 없앨 뿐 아니라, 커다란 뼈의 강도와 구조도 엉망으로 만들거든.

화장 과정에서 어떤 뼛조각이 남든 그 뼈는 바짝 말라붙은 상태야. 속에서 뼈 모양을 튼튼하게 유지하던 세부 구조가 다 파괴되어 속이 텅 비고 바깥층도 영구 손상을 입은 상태지. 화장로 온도가 더 올라갈수록(시신의 몸집이 클수록 온도가 더 올라갈 수 있어) 뼈는 더 손상돼.

화장한 뒤에 꺼낸 뼈는 여기저기 갈라지고 뒤틀리고 쉽게 부서져. 화장로 직원이 그냥 손으로 눌러도 쉽게 바스러져서 먼지가 돼. 오래되어 말라비틀어진 과자를 생각해 봐. 뼈라는 것은 알아보지만, 겉이 벗겨지고 가장자리가 떨어져 나간 상태야. 끈에 꿰어서 목걸이로 만들려고 하면 그냥 바스러질 거야.

가족의 유해를 정말 장신구로 만들기로 결심했다면, 화장재를 이용할 방법을 생각해 봐. 이미 화장재로 장신구를 만드는 방법이 수천 가지나 개발되었어. 작은 병, 유리 펜던트 같은 것들이야. 화장재를 믿을 만한 판매자에게 보내면 몇 주 안에 화장재로 만든 목걸이나 반지 등 다양한 종류의 장신구를 받을 수 있어. 그런 장신구라면 얼마든지 가능해.

사람 뼈 장신구를 생각했다면 실망시켜서 미안. 하지만 네가 독일에 살지 않는 것이 행운이라고 생각해! 내 친구인 장례 지도사 노라 멘킨이 해 준 이야기야. 어느 가족이 찾아와서 부친이 휴가를 갔다가 돌아가셨는데 도와 달라고 했대. 그런데 화장재를 유족이 받기까지 정말로 아주 오랫동안 복잡한 과정을 거쳐야 했어. 구글 번역기도 엄청나게 돌려야 했지만('봉안함'과 '투표함'의 독일어 단어는 아주 비슷해) 주된 이유는 독일의 화장재 관련 법이 아주 엄격하고 까다로워서야. 기본적으로 장례 지도사만 화장재를 다룰 수 있거든.

유족이 직접 아빠의 화장된 유골을 집으로 가져올 수 없을 뿐 아니라, 봉안함에 담긴 화장재를 다른 봉안함으로 옮길 사람도, 매장을 위해 묘지까지 이동시킬 사람도 장례 지도사뿐이야. 게다가 모든 화장재를 매장하도록 규정했어. 할머니의 넙다리뼈로 만든 목걸이는커녕 장신구로 만들겠다는 생각 자체를 버려야 해.

성격 좋은 독자라면 화장된 유골이라도 괜찮다고 생각할 거야. 뼈를 갖는 것이 정말로 중요하다면, 자신이 사는 지역의 법을 잘 살펴보고, 장례 지도사나 화장장 직원에게 당당하게 물어 봐. 그저 아빠의 갈비뼈를 머리핀으로 만들 수 있겠다는 생각만 하지 마.

이집트에서 가장 오래된 미라들은 우연히 만들어진 거야. 하이집트(Lower Egypt, 피라미드는 대부분 이곳에 있어)에는 비가 잘 오지 않아. 이런 곳에서 시신을 바짝 말리는 태양과 모래가 결합하면 천연 미라가 만들어지지. 기원전 약 2600년, 즉 지금으로부터 4,600여 년 전부터 고대 이집트인들은 시신을 미라로 만들기로 마음먹었어.

투탕카멘의 미라처럼 유명한 미라들은 약 3,300년 전에 만들어졌어. 리넨 천으로 꽁꽁 감싼, 가죽만 남은 비쩍 마른 모습의 위엄 있는 이 미라들은 요새처럼 쌓은 무덤 속 황금관 안에 수천 년 동안 잠들어 있었지. 감히 침입했다고? 그러면 파라오의 끔찍한 저주를 받을 거야.

물론 저주는 농담이야. 그래도 무덤을 욕되게 하지는 말렴.

지금까지 지구에 살았던 사람들(1,000억 명 남짓)은 거의 다 오래전에 썩거나 타서 입자와 원자로 돌아갔어. 미라의 아주 놀라운 점은 지금도 남아 있을 뿐 아니라, 매우 잘 보존되어서 고대 이집트인이 어떻게 살았는지를 굉장히 많이 전해 준다는 거야. 어떻게 죽었는지부터 생전에 어떤 모습이었고, 무엇을 먹었는지까지 온갖 것을 알려 줘. 미라는 고대 문화의 타임캡슐이야.

알았어, 미라에 관해서는 좀 아니까 그만하라는 거지? 좋아, 본론으로 들어가자고. 원래 미라를 감쌀 때 악취가 났을까? 그래, 맞아. 죽은 뒤에는 썩은 내를 풍겼지. 하지만 수백 미터 길이의 리넨으로 꽁꽁 감쌀 무렵에는 냄새가 그리 많이 나지 않았어. 고대 방부 처리 과정은 빠르지 않았어. 투탕카멘이 죽자, 꽁꽁 감싼 다음 무덤에 탁 넣고 손을 툭툭 털면서 끝! 그런 식으로 진행되진 않았어. 미라 제작 과정은 몇 달 동안 이어질 수도 있었어.

첫 단계는 시신의 몸속 장기를 제거하는 거였어. 장기는 악취를 풍길 가능성이 높은 부위야. 나는 부검이 이루어진 시신을 다시 꿰맬 때 장기를 떼어 내고 꿰매야 할 때가 많아. 죽은 지 일주일이 넘어가면, 장기가 썩으면서 안에 기체가 쌓여. 그런 배 속을 열면 정말로 불쾌한 경험을 하게 될 수 있어. 달콤하면서 썩어가는 냄새의 벽에 둘러싸이게 되지. 나는 고대 방부 처리사가 죽은 지 며칠 된 시신에서 간, 위장, 폐를 떼어서 카노푸스 단지(동물이나 사람 머리 모양의 뚜껑이 있어)라는 특수한 항아리 안에 집어넣을 때 비슷한 경험을 했으리라고 상상해. 나중에 이 단지는 시신과 함께 묻어.

미라를 만들 때 제거하는 주요 기관 중 하나가 뇌라는 말도 들어 보았을 거야. 실제로 그런 사례가 종종 있었어. 고대 미라 제작자들은 갈고리처럼 생긴 도구를 콧속이나 머리뼈 밑에 난 작은 구멍을 통해 뇌 안으로 집어넣곤 했지. 2008년에 2,400년 된 여성 미라의 머릿속을 CT 촬영했더니, 머리뼈 뒤쪽에 뇌를 제거하던 도구가 그대로 박혀 있는 게 보였어. (그 방부 처리사가 이용자 후기에서 부정적인 평가를 받았기를 바라.) 하지만 머리뼈 안에 뇌가 그대로 남은 미라들도 있어. 코를 통해서 뇌를 빼내는 작업은 아마 어려웠을 거야. 그러니 누구나 이용할 수 있는 서비스가 아니었을 거야.

다음 단계는 내장을 다 꺼낸 시신을 바짝 말리는 거야. 내장을 제거한 시신의 안팎을 메마른 호수 바닥에서 캐낸 물질인 나트론(천연 탄산 나트륨의 일종)으로 채워. 나트론에 든 탄산 나트륨과 탄산수소 나트륨은 30~70일 동안 물을 흡수하여 시신을 바짝 말리지. 우리의 죽은 시신을 분해하는 효소들은 모두 물을 필요로 해. 그러니 쇠고기 육포처럼 몸을 탈수하면 효소들이 못된 부패 작업을 하는 것을 막을 수 있어.

이집트 같은 더운 기후에 시신을 아무런 조치도 하지 않은 채 그냥 70일 동안 놔두면 정말로 지독한 악취가 풍길 거야. 나는 방부 처리사가 시신의 내장을 제거하고 나트론으로 몸 안팎을 뒤덮은 뒤에는, 냄새가 그리 좋다고는 할 수 없어도 자연적으로 썩는 경우만큼 심하지는 않았으리라고 상상해.

나트론을 제거한 뒤에는 몸속에 톱밥, 리넨 그리고 계피와 유향 같은 향기 나는 물질을 채워. 그러면 마른 시신에서 향기가 풍기는 것도 가능하지 않을까? 크리스마스 양초처럼 말이야. 아니면 호박 맛 미라?

이제 미라를 감쌀 준비가 되었어. 이 과정에서 다양한 기름과 침엽수에서 채취한 나뭇진(향기를 풍기도록 도와주었을지 몰라)을 꼼꼼하게 발랐어. 리넨을 감고 또 감고, 손가락과 발가락은 하나씩 감은 뒤에 손과 발 전체를 다시 감았어. 이런 방부 처리에 종교적 목적이 있었다는 점을 명심해. 그들은 영혼이 여러 부분으로 이루어졌고, 각 부분이 몸의 서로 다른 부위에 들었다고 믿었어. 신체가 보존되지 않는다면 영혼이 돌아갈 집도 없겠지? 이런 정교한 시신 처리법과 기도해 줄 이들과 미라가 되어 들어갈 무덤을 갖춘 사람은 대부분 그럴 여유가 있는 자들이었어. (에헴, 부유한 사람 말이야.)

따라서 네 질문의 답은 이래. 미라를 천으로 감싸는 데에는 한 달 이상이 걸리곤 했는데, 그렇게 감쌀 때쯤에는 시신의 내장을 다 제거하고 바짝 말린 상태여서 아마 냄새가 아주 끔찍할 정도는 아니었을 거야. 이집트인들은 냄새에 개의치 않은 채 다음 단계를 진행했을 거야. 시신을 수천 년 동안 유지될 석관에 집어 넣는 거지. 미라를 감쌀 때 냄새가 났을지 물었지? 그렇다면 21세기에 연구를 위해 천을 풀었을 때는 어떨까? 미라가 수천 년이 지난 지금도 악취를 풍길까?

좋은 소식은 요즘에는 예전에 비해 미라를 감싼 천을 덜 풀고서도 연구할 수 있다는 거야. 19세기 유럽인들은 이집트에 매료되었어. 영국인들은 미라 천 풀기 행사를 열곤 했지. 고대 미라의 천을 푸는(그 과정에서 미라는 훼손되지) 광경을 지켜볼 수 있는 표를 사람들에게 팔았지. 당시에는 미라를 가루로 만들어서 화가용 갈색 물감과 약재로 썼어. 그래서 수많은 이집트 무덤이 파헤쳐졌지. "미라 알약 두 알 먹고, 아침에 전화해요."

오늘날 과학자들은 CT 촬영 같은 기술로 미라를 연구해서 훨씬 더 많이는 아니라 할지라도 직접 관찰과 해부를 통해 얻는 것만큼 여러 가지를 배워. 따라서 아주 허약한 3,000년 된 미라를 훼손하지 않고서도 정보를 얻을 수 있지. 천을 푼 미라의 냄새는 어떨까? 오래된 책, 가죽, 말린 치즈 냄새와 비슷하다고 해. 어느 쪽이든 그다지 나쁜 냄새는 아닐 것 같아. 악취를 우리 고대 친구의 탓으로 돌리지 마. 부패가 진행 중인 일주일쯤 된 시신이 주위에 있는지를 찾아봐.

문상 때 할머니 시신을 보니, 윗도리 안의 몸이 랩으로 감싸여 있었어. 왜 그렇게 한 거지?

내 생각에 할머니 몸에서 뭔가 좀 새고 있었던 것 같아. 할머니 잘못은 아니야. 살아 있을 때에는 아주 단정하고 깔끔한 분이셨겠지? 하지만 사람의 몸은 액체로 가득하고, 죽은 뒤에는 이 체액을 간수하기가 어려워져. 장례업계에서는 체액 누출이라고 하지.

장례 지도사는 체액 누출을 정말 싫어해. 악몽과 같지. 우리는 체액이 흘러 유족과 문상객이 놀라는 일이 없도록 모든 수단을 동원해. 그런데 체액이 유달리 더 잘 새어 나오는 시신도 있어. 자, 여기 매우 품격 있는 장례를 치르고 싶어 하는 유족이 있어. 할머니가 다니던 교회 사람들이 문상을 오고, 세 나라에 흩어졌던 친척들도 비행기를 타고 올 거야. 할머니는 방부 처리되어 연분홍 비단 드레스 차림으로, 옅은 자주색 안감을 댄 관에 우아하게 누워 계시지. 이때 할머니의 체액이 샌다면? 으악!

그렇다면 장례 지도사는 어떤 방법을 써서 체액 누출을 막으려고 할까? 우선 체액이 어디에서 새는지를 파악해야 해. 할머니의 시신에서 확실하게 샐 만한 곳들이 있지. 말하기가 좀 그렇긴 하지만 기존 구멍들이야. 입, 코, 생식기, 항문이지. 대개 가장 처음에 새는 물질은 몸이 본래 배출하는 액체를 비롯한 끈적거리는 것들이야. 소변, 대변, 침, 점액 같은 유쾌한 것이지. 장례 지도사가 사람들이 맞닥뜨렸을 때 경악할 것(놀라게 할 것들 중에서 가장 재미가 없어)을 걱정한다면, 할머니의 아랫도리에 기저귀를 채우고 흡수 패드를 깔 거야. 할머니의 위장에서 부패가 일어나면 '체외 분비물(purge)'이 나올 수 있어. 커피 색깔을 띤 좀 불쾌한 액체인데 때로 코와 입으로 흘러나오곤 해. 그래서 장례 지도사는 할머니 시신을 유족에게 보여 주기 전에 작은 흡입기로 할머니의 입과 코에서 그 액체를 빨아내고, 더 이상 흘러나오지 못하게 솜이나 거즈를 입과 콧속에 넣어.

이런 유형의 체액 누출은 으레 일어나지만, 너는 할머니의 시신을 왜 랩으로 감고서 옷을 입혔는지 여전히 궁금할 거야. 장례 지도사가 그렇게 하는 데에는 몇 가지 이유가 있어. 야채 가게에서 랩으로 꼼꼼하게 감싼 채소처럼 할머니의 시신을 신선하게 유지하기 위해 그러는 것은 결코 아니야. 할머니가 병원에 오래 누워 있었거나 오랫동안 질병을 앓다 돌아가셨다면? 그랬다면 장례식장에 올 때쯤에는 팔다리에 난 상처가 그대로 벌어진 채일 수 있어. 수술을 위해 가른 부위부터 주삿바늘이 꽂혔던 구멍, 피부 질병이나 노화 때문에 으레 생기고 잘 낫지 않는 생채기에 이르기까지 다양해. 젊은 사람의 피부는 베이거나 생채기가 나도 금방 낫지만, 심한 병에 걸렸거나 나이 든 사람은 낫는 데 훨씬 더 오래 걸려. 그리고 죽은 뒤에는 상처에 딱지가 앉지도 않고 낫지도 않는다는 점을 생각해. 죽을 때 지닌 상처는 그대로 남아. 그래서 장례 지도사는 젤이나 파우더를 써서 상처 부위를 말린 뒤, 체액이 새지 않도록 그 부위를 비닐이나 랩으로 감싸 놓는 거야.

또 시신에서 체액 누출을 일으키는 다양한 의학 증상이 있어. 할머니가 당뇨병이 있었거나 과체중이었다면 혈액 순환, 특히 다리의 혈액 순환이 잘 이루어지지 않았을 수 있어. 혈액 순환이 잘 안 되면 물집이 생기거나 피부 질환이 생길 수 있지. 할머니에게 부종이 있었다면 (장례 지도사로서는) 더욱 안 좋아. 부종은 우리가 종종 듣는 단어지만, 장례 지도사에게는 심장을 덜컥 내려앉게 만드는 두려운 것이야. 몸의 어느 부위가 비정상적으로 부풀면서 피부밑에 체액이 고인 것을 말해. 부종은 여러 가지 이유로 생겨. 아마 할머니는 암에 걸려서 화학 요법이나 다른 치료를 받았을지 몰라. 간이나 콩팥이 망가졌을지도 모르고. 병균에 감염되었을 수도 있어. 부종이 왜 생겼든 간에 장례 지도사는 종잇장처럼 얇고, 부풀어 오르고, 체액이 새어 나올 것 같은 피부를 다룰 때 아주 조심해야 해. 사실 부종으로 할머니의 몸속 체액이 10퍼센트까지 늘어나기도 해(리터 단위를 말하는 거야). 그만큼 늘어난 체액을 몸에 계속 간직하기란 어려워.

일부 장례 지도사는 피부에서 체액이 스며 나오지 않을까 걱정되면, 머리부터 발끝까지 덮는 투명한 비닐 옷을 입혀. 방역 작업복으로 쓰는 것과 비슷해. 어른용 아기 우주복이라고나 할까? 또 장례식장은 비닐 재킷, 비닐 바지, 합성 고무장화 등도 준비해 놓고 있어. 새는 부위만 덮기 위해서지. 비닐 옷 위에 일반 옷을 입히는 거야. 장례 물품을 공급하는 회사들은 다양한 시신용 우주복을 광고해. "찢기지도 벗겨지지도 닳지도 않아요!" "업계 최고!"

네가 본 것이 이런 전신 비닐 옷이었을 수도 있어. 하지만 많은 장례 지도사는 예전부터 널리 쓰이는 랩을 더 선호해. 남은 음식을 포장할 때 사용하는 바로 그 투명한 랩 말이야. 찢기지 않으면 손댈 필요도 없지. 아주 조심스러운(또는 꼼꼼한) 장례 지도사는 열 수축 포장 랩으로 작업하기도 해. 랩을 감싸고 헤어드라이어로 열을 가해 밀착시킨 다음 그 위에 전신 비닐 옷을 입히는 거야.

시신에서 체액이 좀 새어 나오는 현상을 우리가 왜 그렇게 겁낼까? 한번 생각해 봐(그리고 나와 직원들은 그 문제를 아주 많이 생각해). 우리는 시신을 잘 간수하고 싶어. 하지만 갓난아기가 우는 것을 막을 수 없듯이 시신이 하는 일을 막을 수 없어. 우리 장례식장은 시신을 준비할 때 더 자연스러운 방법을 택해. 시신을 보존하기 위해 화학 물질을 쓰지 않는 거지. 몸에 화학 물질 파우더를 뿌리지도 않아. 유족이 자연장을 치르고자 한다면, 설령 우리가 원해도 사용하지 못하는 것들도 있어. 표백하지 않은 면으로 지은 수의만 입힌 채 시신을 그대로 땅에 묻어야 하거든.

따라서 네 할머니가 우리 장례식장에 오면 우리는 랩으로 할머니를 감싸지 않을 거야. 하지만 네가 할머니 시신을 볼 때 마주할 것들에 관해 어렵지만 솔직하게 대화를 나누어야 할 거야. 할머니의 상처든 체액이 새어 나오는 피부든 말이야. 염두에 둘 게 하나 있어. 이런 비닐 옷과 랩은 오래전부터 장례식장에서 쓰였는데 이유는 소송 때문이야. 장례 지도사가 시신을 '보호하는' 일을 제대로 하지 않아 (아주 비싼) 관의 유백색 내부나 연분홍색 비단 드레스에 얼룩이 생겼다면서 유족들이 소송을 걸었거든.

장례 지도사는 마법사가 아니야. 그리고 아무리 랩으로 꽁꽁 싸맨다고 해도, 결코 100퍼센트 완벽하게 새는 것을 막을 수는 없어. 어떻게 하는 것이 시신을 '양호한' 상태로 만드는 것인지를 놓고 장례식장마다 견해와 철학이 달라. 나는 자연 상태가 최선이라고 봐. 하지만 유족이 모두 교회에 다니고 친척들도 그렇다면, 할머니를 꽁꽁 감싸서 문상 때 새는 기미가 전혀 보이지 않도록 하기를 원할 수도 있어. 그건 유족이 결정할 일이야.

죽음에 관한 속사포 질문들!

이 책에 실을 질문을 고를 때, 질문이 너무나 많아서 나는 꽤 난처한 상황에 처했어. 뽑을 만한 환상적인 질문이 수백 개나 되었거든. 기가 막힌 질문이지만, 몇 쪽 분량의 탄탄한 답을 필요로 하지 않기에 탈락한 질문들도 있었지. (출판사가 한 문단짜리 답은 안 된다고 고집하는 바람에.)

결국 그런 질문들에게도 설 자리를 주기 위해 이 속사포 질문들이라는 장을 마련했어.

거대한 용 모양 의상을 입고 묻히면 환경에 안 좋을까?

용 의상을 무엇으로 만들었는지에 따라 다르겠지! '녹색' 또는 '자연' 매장지에는 대개 표백하지 않은 면 같은 천연 섬유로 지은 수의를 입힌 시신만 묻을 수 있어. 화려한 조명 아래 반짝거리는 폴리에스터가 다닥다닥 붙은 보디 슈트는? 미안, 탈락. 온라인에서 파는 폴리에스터와 벨루어로 된 용 의상들도 대부분 탈락이야. (검색해 보니 정말 대단한 의상들이야!) 하지만 나름의 의상 제작 실력으로 천연 물질을 이용해 용 의상을 만든다면 괜찮을 거야. 너는 이제 신화 속 삼베로 만든 용 사체가 된 거야. 불을 뿜는 데에도 관심이 있다면 그 의상 그대로 화장로에 들어가는 것도 괜찮지 않을까?

꿀을 바르면 썩는 것을 막을 수 있지 않을까?

맞아. 꿀은 잘 썩지 않아! 시신을 장기간 보존할 완벽한 물질이지. 꿀은 당분 농도가 아주 높아서 세균이 몸을 먹어 치우지 못하게 막아. 그리고 수분이 꿀을 상하게 할 수 있는데, 꿀 안에는 포도당과 남는 물을 결합해 과산화 수소를 만드는 효소가 들어 있어. 과산화 수소는 꿀이 방부 효과를 가지게 만들어. "포름알데히드는 버려요, 마을에 새로운 방부 처리사가 등장했어요!" 고대 이집트부터 현대 미얀마에 이르기까지 인류 역사 내내 세계 각지에서 사람들은 시신을 비롯해 온갖 것을 보존하는 데 꿀을 써 왔어. 알렉산드로스 대왕은 꿀로 방부 처리가 되었다고 전해지지. 비록 그의 무덤 위치는 고고학의 가장 큰 수수께끼 중 하나이지만 말이야. 꿀은 효과적이야. 그런데 이유는 잘 모르겠지만, 커다란 꿀통에 시체를 푹 담그는 방법은 다른 매장법보다 인기가 없어. 양봉업계는 이 방면으로도 노력해야 하지 않을까?

화장하는 도중에 화장로가 고장 나면 어떻게 될까?

나도 몰라. 그리고 결코 알 필요가 없기를 바라.

분해되고 있는 사체를 먹는 곤충 중 가장 특이한 것은?

수시렁이가 가장 눈에 띄지만 쇠똥구리, 풍뎅이붙이, 송장벌레 등 다른 종류의 딱정벌레들도 시체에 모여들어. 최근에 나는 표본벌레에 관심을 갖게 되었어. 이들은 부패 과정의 끝 무렵, 즉 시신이 뼈만 남았을 때 나타나. 그러니까 시간상으로 보면 사망한 지 여러 해가 지난 뒤에야 시체에 다가온다는 거야. 이때쯤에는 먼저 온 청소동물들이 남긴 찌꺼기(배설물, 허물, 더 많은 배설물)만 남아 있어. 표본벌레는 뼈 위에 얇게 펼쳐진 바로 이 배설물에 달려들어. "야호, 뼈 똥 뷔페다!" 봐, 세상의 모든 것은 쓸모가 있다니까.

사막에 홀로 남겨지면 뜨거운 태양에 바짝 쪼그라들까?

시신이 묻히지 않은 채 사막의 모래 위에 그냥 누워 있다면 금방 말라붙을 거야. 바짝 건조되는 거지. 모래는 고양이 모래나 쌀알처럼 수분을 빨아들이는 건조제 역할을 해. (변기에 휴대 전화를 빠뜨렸을 때 쌀통에 하룻밤 넣어 두면 마른다는 것을 아니? 이 시나리오에서는 네가 바로 휴대 전화야.) 바래 가는 옷도 시체에서 수분을 빨아들여 건조 과정을 촉진해. 벌레와 파리가 시신이 아직 축축할 때 썩어 가는 살과 조직을 먹으려고 바쁘게 돌아다녀. 얼마쯤 지나면 조직이 바짝 딱딱하게 말라붙어서 딱정벌레조차도 뜯어 먹을 수 없게 되니까. 이윽고 질감이 양피지와 비슷하게 바삭거리는 피부와 뼈만 남게 돼. 즉 미라가 된 거지. 그리고 보통 시체처럼 회갈색이 아니라, 옅은 주황색이나 붉은색을 띠게 돼. 이런 사막 미라는 그냥 놔두면 이론상 몇 년까지도 보존될 수 있어.

전문가의 대답: 내 아이는 정상일까?

시체 전문가라고 해서 아이들이 죽음에 갖는 심리적 두려움과 불안에 관한 전문가가 되는 것은 결코 아니야. 이 책을 내기 전에, 나는 의학계가 이렇게 말하지나 않을까 걱정했어. "어이, 잠깐. 왜 장례 지도사 따위가 아이들에게 죽음에 관한 이야기를 하는 거지? 공포심을 퍼뜨리고 있잖아!"

다행히도 그런 말은 나오지 않았어. 적어도 아직까지는. 사실 의학계는 죽음에 관해 솔직하고 구체적으로 아이들과 대화를 나누는 것이 실제로는 죽음에 대한 두려움을 줄이는 데 도움을 줄 수 있다고 봐. 나는 친구이자 시애틀에서 아동 청소년 정신과 의사로 일하는 얼리샤 조겐슨에게 원고를 읽어 달라고 부탁했어. 얼리샤는 내가 구더기에 열광하는 태도를 아이들에게 불어넣는 것이 아니라고 확인해 주었지.

그래도 걱정하는 부모님이 있겠지. "이런 좀 으스스한 생각에 빠진 우리 마키가…… 정상일까?" 그래서 얼리샤와 나눈 대화를 말해 줄게.

죽을까 봐 걱정하거나 겁내는 아이들이 진료실을 찾을 때도 있어?

아이가 솔직하게 이런 식으로 말하는 사례는 많지 않아. "죽는 게 너무 겁나요." 자기의 건강이나 부모님의 건강 또는 병균이나 오염 같은 것이 겁나거나 걱정된다고 말할 가능성이 더 높지.

그러면 아이가 어릴수록 죽음에 대한 두려움이 건강을 걱정하는 형태로 나타날 수도 있겠네?

맞아. 건강 걱정은 죽음 불안의 아주 흔한 발현 형태 중 하나야. 흥미롭게도 어떤 아이들은 자기 건강을 걱정한다는 말조차 하지 않기도 해. 대신에 위통이나 두통이 불안 장애의 첫 증후군이 되어 나타날 수 있어. 잠들기를 걱정하는 아이들도 있었어. 누군가가 "잠자다가 세상을 떠났다"라는 말을 주위에서 들었을 때 특히 그래.

다른 더 흔한 두려움이 실제로는 죽음 공포와 관련이 있을 수도 있어?

유아는 '세상을 떠나다'나 '누군가를 잃다' 같은 죽음을 가리키는 더 완곡한 표현들을 아직 이해하지 못해. 그런 표현들을 쓰면 유아는 같은 단어가 다른 맥락에서 쓰일 때 혼란을 일으키기도 해. 슈퍼에서 동생이 길을 '잃었대'처럼. 누군가가 '병원에서 죽었다'라는 표현도 마찬가지야. 병원 가기를 겁낼 수 있지. 죽을 거라고 생각하는 거야. 아동 발달이라는 관점에서 보면, 유아(만 3~5세)는 대개 죽음의 추상적 개념을 이해하지 못해. 대신에 죽음을 일시적이거나 되돌릴 수 있는 것이라고 봐. 만화 영화처럼 말이야. 그보다 좀 더 자란 아이들도 아직 논리적 추론을 잘 하지 못해서 주로 연상 과정을 통해 세계를 이해하는 경향이 있어. 대부분의 전문가는 죽음이 최종적이고 되돌릴 수 없다는 개념을 만 9세가 되어야(1년쯤 더 빠르거나 늦게) 이해한다고 봐. 그러니까 부모와 주변 어른들이 언어 선택에 더 신중을 기하고, '죽음'이라는 단어와 그 단어가 의미하는 바를 명확히 표현하는 편이 좋아.

명확한 표현이 어떤 것들이야?

쉬운 언어로 솔직하고 직접적으로 말하는 거지. 나는 '죽음', '죽은', '죽어 간다' 같은 단어들을 쓰고, 어떤 의미인지를 명확히 해야 한다고 봐. 사람이 죽으면 몸은 활동을 멈추고 움직이지도 않고 아무것도 느끼지 못하지. 죽은 사람은 살아날 수 없어. 이런 말들은 유아에게는 어려운 개념일 테지만, 그래도 솔직하게 말하는 편이 낫다고 생각해. "할아버지가 돌아가셨어도, 할아버지의 기억은 우리 마음속에 살아 있을 거야."

아이들이 어느 정도 죽음에 관해 불안해하는 것이 정상일까?

물론이지! 불안은 스트레스를 받는 상황이나 미지의 상황에서 누구나 겪는 정상적인 감정이야. 죽음을 접할 때 아이들에게 자연히 생기기 마련이야. 부모는 자녀에게 죽음을 어떻게 설명해야 할지 걱정스럽기도 하겠지만 그런 감정도 정상이야. 자신이 할 말을 준비해 두는 편이 좋아. 또 아이는 죽음에 관한 생각과 행동을 부모를 보고 배운다는 점도 유념해야 해.

죽음에 몰두하는 것이 아이치고는 좀 심하다고 볼 시기가 있을까?

분명히 있어. 불안 장애는 정상적인 불안과 달라. 아이가 무언가를 너무 심하게 걱정해서 자신을 불안하게 만드는 일을 회피하기 위해 행동을 바꾸게 만들지. 그러면 본래 발달해야 할 능력이 제대로 발달하지 못하게 돼(학교에 가지 않으려 하거나, 부모 곁을 떠나지 않으려 하는 행동이 그래). 정의상 불안 장애는 나쁜 일이 발생할까 비현실적으로 두려워하는 것을 말해. 예를 들어, 부모가 건강한데도 죽을지 모른다고 매일 걱정할 수 있어. 불안 장애는 처음에 주변 환경에서 일어난 안 좋은 일(죽음 같은)에 촉발되어 생기기도 해. 하지만 어느 순간 갑작스럽게 불안 증세가 나타날 때도 있어. 부모가 불안 증세를 보이면 아이도 불안 증세를 보이기도 해. 그러니 환경적 요인뿐 아니라 유전적 요인도 얼마간 있는 거지. 좋은 소식은 아동과 청소년의 불안 장애를 치료할 좋은 방법들이 나왔다는 거야. 대개는 대화 요법으로 시작하고, 때로 약물 처방을 곁들이기도 해.

어릴 때 나는 부모님이 돌아가시진 않을까 늘 걱정했어!

흠, 케이틀린, 죽음 생각을 꽤 많이 했나 보네! 그런 상황에서는 이렇게 생각하는 것이 도움이 되기도 해. '죽지 않는다고 약속할 수 있는 사람은 아무도 없어. 하지만 우리는 건강을 유지하는 활동을 하며 자기 자신을 꽤 잘 돌볼 수 있어. 그래서 나는 우리가 아주 오랫동안 함께 살아갈 것이라고 기대해.'

중요한 점 하나. 네가 사랑하는 누군가가 아프거나 죽어 가거나 죽었을 때 느끼는 불안이나 슬픔은 당연해.

어른이 아이에게 슬프거나 비통한 모습을 보여도 괜찮을까?

어른도 모두 나름 슬픔에 잠기곤 해. 나는 슬픔을 드러내야 한다고 생각해. 상황이 안 좋은데도 아이에게 감정적이거나 비언어적인 방식으로 '아무 문제 없어'라고 메시지를 전달한다면 아이는 혼란을 느낄 수 있거든. 아이 앞에서 울어도 돼. 그리고 왜 슬퍼하는지를 설명한다면 더 좋을 거야. "나도 몰라"라고 말해도 괜찮아.

아이는 어른과 똑같은 방식으로 슬픔을 경험할까?

정확히 똑같지는 않아. 아이는 어른이 하는 방식으로 슬픔을 이야기할 능력이 부족할 수도 있거든. 대체로 나는 슬픔이 무언가를 상실한 뒤에 찾아올 정상적인 감정이라고 봐. 비록 복잡하긴 하지만 말이야. 예를 들어, 좋아하는 동물 인형을 잃어 버리거나 새집으로 이사한 뒤에는 슬프다는 감정부터 느낄 수 있어. 흔히 반려동물의 죽음이 우리가 가장 처음으로 접하는 죽음일 때가 많아. 대체로 아이가 죽은 사람이나 동물과 친밀할수록 더 강하게 슬픔을 느끼지. 어른과 마찬가지로 아이가 슬퍼하는 방식도 저마다 달라. 어떤 방식이 옳다거나 그르다고 말할 수 없어.

죽음을 접한 뒤 아이가 어떤 감정이나 행동을 보일 것이라고 예상할 수 있을까?

분노, 슬픔, 불안 등 다양한 감정을 나타내리라고 예상해야 해. 또 아이가 아무렇지도 않은 양 행동하는 것도 지극히 정상이야. 부모가 볼 때는 좀 혼란스럽겠지만. 나는 부모가 아이의 감정 변화를 세심히 지켜보면서도 자신들의 감정이나 슬픔을 아이에게 투사하려고 하지 않는 편이 낫다고 봐. 나는 슬픔에 잠긴 유족들에게 평소대로 생활을 계속하려고 애쓰는 것이 아이들에게 매우 안도감을 줄 수 있다고 말하곤 해. 이를테면, 평소와 똑같은 시간에 깨우고, 평소에 하던 대로 먹고 놀고 학교에 가게 하는 거지. 죽음을 둘러싼 의례도 아이에게 매우 도움이 돼(어른에게 그렇듯이). 장례식에 참석할 때, 나는 부모와 주변 어른들이 아이에게 어떤 일이 일어날지 미리 알려 주어야 한다고 봐. 이런 식으로 말하는 거지. "할머니는 살아 계실 때와 좀 달라 보일 거야." 하지만 나는 아이가 가고 싶지 않다고 명확하게 의사 표시를 할 때면 굳이 장례식에 가자고 강요하지 않을 거야. 기억 공유하기도 매우 효과적이야. 아이가 망자를 어떻게 기억하는지 물어보면서 대화를 시작할 수 있어.

감사의 말

죽음에 관심이 많은 우리 어린 천사들의 수백 가지 질문이 없었다면 이 책은 나오지 못했을 겁니다. 호기심 가득한 여러분과 이해심 많은 부모님께 진심으로 감사드립니다.

대개 교양 있는 분야(아프가니스탄 분쟁이나 재즈 역사 등)의 책을 맡았지만, 괜히 나와 엮이는 바람에 시체의 똥 같은 주제들을 붙들고 씨름한 담당 편집자 톰 메이어에게도 고맙다는 말을 전합니다. 진심입니다.

여러 해 동안 도움을 준 저작권 대리인 애나 스프롤래티머에게도 감사드립니다. 보답으로 케이틀린 이모가 애나의 더할 나위 없이 완벽한 세 아이에게 부패 작용의 단계들을 하나하나 정성껏 가르쳐 주었어요. 그런 내용을 이해할 만큼 자랐으니까요.

"할머니의 바이킹 장례식이나 고양이가 내 눈알을 먹을까 등의 제목을 써도 될까요?" 같은 질문을 매우 진지하게 받아들여 준 W. W. 노턴 출판사에게도 감사드립니다. 그리고 이 책을 담당한 에린 러벳, 스티브 콜카, 으네오마 아마디오비에게도 고마움을 전합니다. 우리 훌륭한 직원들에게도요. 잉수 류, 스티브 아타르도, 브렌던 커리, 스티븐 페이스, 엘리자베스 커, 니컬라 드로베르티스데이에, 로런 애버트, 베키 호미스키, 앨러그라 휴스턴에게요.

예리한 눈과 훌륭한 조사 능력을 보여 준 루이즈 형과 리 코워트에게도 감사드립니다. 두 분이 없었다면 나는 혼란의 황무지를 배회하는 살아 있는 유령이 되었을지 몰라요.

그리고 전문가이자 친구인 타냐 마시, 노라 멘킨, 주디 멜리네크, 제프 조겐슨, 모니카 토레스, 메리앤 하멜, 앰버 캐벌리에게도 많은 신세를 졌어요.

또 어둡고 잔혹한 세계로부터 나를 지켜주는 '좋은 죽음 교단'의 회원들, 특히 세라 차베즈에게도 감사를 드립니다.

마지막으로 내 관을 덮을 천과 같은 사람인 라이언 세일러에게도요.

참고 문헌

내가 죽으면 고양이가 내 눈알을 파먹을까?

Raasch, Chuck. "Cats kill up to 3.7B birds annually." *USA Today*, updated January 30, 2013. https://www.usatoday.com/story/news/nation/2013/01/29/cats-wild-birds-mammals-study/1873871/.

Umer, Natasha, and Will Varner. "Horrifying Stories Of Animals Eating Their Owners." *Buzzfeed*, January 8, 2015. https://www.buzzfeed.com/natashaumer/cats-eat-your-face-after-you-die?utm_term=.clnqjk9DM#.deQmAwq6K.

Livesey, Jon. "'Survivalist' chihuahua ate owner to stay alive after spending days with dead body before it was found." *Mirror*, October 30, 2017. https://www.mirror.co.uk/news/world-news/survivalist-chihuahua-ate-owner-stay-11434424.

Ropohi, D., R. Scheithauer, and S. Pollak. "Postmortem injuries inflicted by domestic golden hamster: morphological aspects and evidence by DNA typing." *Forensic Science International*, March 31, 1995. https://www.ncbi.nlm.nih.gov/pubmed/7750871.

Steadman, D. W., and H. Worne. "Canine scavenging of human remains in an indoor setting." *Forensic Science International*, November 15, 2007. https://www.ncbi.nlm.nih.gov/pubmed/?term=Canine+scavenging+of+human+remains+in+an+indoor+setting.

Hernández-Carrasco, Mónica, Julián M. A. Pisani, Fabiana Scarso-Giaconi, and Gabriel M. Fonseca. "Indoor postmortem mutilation by dogs: Confusion, contradictions, and needs from the perspective of the forensic veterinarian medicine." *Journal of Veterinary Behav-*

ior 15 (September-October 2016): 56-60. https://www.sciencedirect.com/science/article/pii/S1558787816301447.

우주에서 죽으면 우주 비행사는 어떻게 될까?

Stirone, Sharon. "What happens to your body when you die in space?" *Popular Science*, January 20, 2017. https://www.popsci.com/what-happens-to-your-body-when-you-die-in-space.

Order of the Good Death. "The final frontier . . . for your dead body." http://www.orderofthegooddeath.com/the-final-frontier-for-you-dead-body.

Herkewitz, William. "Could a Corpse Seed Life on Another Planet?" *Discover*, October 25, 2016. https://www.discovermagazine.com/the-sciences/could-a-corpse-seed-life-on-another-planet.

crazypulsar. "Vacuum & Hypoxia: What Happens If You Are Exposed to the Vacuum of Space?" *Indivisible System*, November 7, 2012. https://indivisiblesystem.wordpress.com/2012/11/07/what-happens-if-you-are-exposed-to-the-vacuum-of-space/.

Czarnik, Tamarack R. "Ebullism at 1 Million Feet: Surviving Rapid/Explosive Decompression." Available at http://www.geoffreylandis.com.

부모님이 돌아가시면 머리뼈를 보관할 수 있을까?

Zigarovich, Jolene. "Preserved Remains: Embalming Practices in Eighteenth-Century England." *Eighteenth-Century Life* 33, no. 3 (October 1, 2009). https://doi.org/10.1215/00982601-2009-004.

Carney, Scott. "Inside India's Underground Trade in Human Remains." *Wired*, November 27, 2007. https://www.wired.com/2007/11/ff-bones/.

Halling, Christine L., and Ryan M. Seidemann. "They Sell Skulls Online?!: A Review of Internet Sales of Human Skulls on eBay and the Laws in Place to Restrict Sales." *Journal of Forensic Sciences* 61, no. 5 (September 1, 2016). https://www.ncbi.nlm.nih.gov/pubmed/27373546.

McAllister, Jamie. "4 Things to Do With Your Skeleton After You Die." *Health Journal*, October 5, 2016. http://www.thehealthjournals.com/4-things-skeleton-die/.

Inglis-Arkell, Esther. "So you want to hang your skeleton in public? Here's how." *io9*, June 6, 2012. https://io9.gizmodo.com/5916310/so-you-want-to-donate-your-skeleton-to-a-friend.

"Can bones be willed to a family member after death?" Law Stack Exchange, edited De-

cember 26, 2016. https://law.stackexchange.com/questions/16007/can-bones-be-willed-to-a-family-member-after-death.
Hugo, Kristin. "Human Skulls Are Being Sold Online, But Is It Legal?" *National Geographic*, August 23, 2016. https://www.nationalgeographic.com/science/article/human-skulls-sale-legal-ebay-forensics-science.
OddArticulations. "Is owning a human skull legal?" January 6, 2018. http://www.oddarticulations.com/is-owning-a-human-skull-legal/.
The Bone Room. "Real Human Skulls." https://www.boneroom.com/store/c45/Human_Skulls.html.
Evans, Murray. "It's a gruesome job to clean skulls, but somebody has to do it." October 30, 2006. https://www.seattlepi.com/business/article/It-s-a-gruesome-job-to-clean-skulls-but-somebody-1218504.php.
Marsh, Tanya. "Internet Sales of Human Remains Persist Despite Questionable Legality." *Death Care Studies*, August 16, 2016. https://funerallaw.typepad.com/blog/2016/08/internet-sales-of-human-remains-persist-despite-questionable-legality.html.
"Sale of Organs and Related Statutes." https://2009-2017.state.gov/documents/organization/135994.pdf.
Vergano, Dan. "eBay Just Nixxed Its Human Skull Market." *Buzzfeed*, July 12, 2016. https://www.buzzfeednews.com/article/danvergano/skull-sales.
Shiffman, John, and Brian Grow. "Body donation: Frequently asked questions." Reuters, October 24, 2017. https://www.reuters.com/article/us-usa-bodies-qanda-idUSKBN1CT1FD.
Lovejoy, Bess. "Julia Pastrana: A 'Monster to the Whole World.'" *Public Domain Review*, November 26, 2014. https://publicdomainreview.org/essay/julia-pastrana-a-monster-to-the-whole-world.

죽은 뒤에 몸이 스스로 일어나거나 말을 할까?

Berezow, Alex. "Which Bacteria Decompose Your Dead, Bloated Body?" *Forbes*, November 5, 2013. https://www.forbes.com/sites/alexberezow/2013/11/05/which-bacteria-decompose-your-dead-bloated-body/?sh=4865f161295a.
Howe, Teo Aik. "Post-Mortem Spasms." *WebNotes in Emergency Medicine*, December 25, 2008. http://emergencywebnotes.blogspot.com/2008/12/post-mortem-spasms.html.
Costandi, Moheb. "What happens to our bodies after we die?" *BBC Future*, May 8, 2015. http://www.bbc.com/future/story/20150508-what-happens-after-we-die.

Bondeson, Jan. *Buried Alive: The Terrifying History of Our Most Primal Fear*. New York: W. W. Norton, 2001.
Gould, Francesca. *Why Fish Fart: And Other Useless or Gross Information About the World*. New York: Jeremy P. Tarcher/Penguin, 2009.

개를 뒤뜰에 묻어 주었어. 지금 파 보면 어떨까?

O'Brien, Connor. "Pet exhumations a growing business as more people move house and take their loved animals with them." *Courier-Mail*, May 4, 2014. https://www.couriermail.com.au/business/pet-exhumations-a-growing-business-as-more-people-move-house-and-take-their-loved-animals-with-them/news-story/58069b3ed49b6c49f1a3f9c7c1d11514.
Ask MetaFilter. "How to go about moving a pet's grave." May 3, 2012. https://ask.metafilter.com/214497/How-to-go-about-moving-a-pets-grave.
Berger, Michele. "From Flesh to Bone: The Role of Weather in Body Decomposition." Weather Channel, October 31, 2013. https://weather.com/science/news/flesh-bone-what-role-weather-plays-body-decomposition-20131031.
Emery, Kate Meyers. "Taphonomy: What Happens to Bones After Burial?" *Bones Don't Lie* (blog), April 5, 2013. https://bonesdontlie.wordpress.com/2013/04/05/taphonomy-what-happens-to-bones-after-death/.

선사 시대 곤충처럼 내 시신을 호박에 보존할 수 있을까?

Udurawane, Vasika. "Trapped in time: The top 10 amber fossils." *Earth Archives*, "almost three years ago" (from February 13, 2019). http://www.eartharchives.org/articles/trapped-in-time-the-top-10-amber-fossils/.
Daley, Jason. "This 100-Million-Year-Old Insect Trapped in Amber Defines New Order." *Smithsonian*, January 31, 2017. https://www.smithsonianmag.com/smart-news/new-order-insect-found-trapped-ancient-amber-180961968/.

죽을 때 왜 몸 색깔이 변하는 거지?

Geberth, Vernon J. "Estimating Time of Death." *Law and Order* 55, no. 3 (March 2007).
Presnell, S. Erin. "Postmortem Changes." *Medscape*, updated October 13, 2015. https://emedicine.medscape.com/article/1680032-overview.
Australian Museum. "Stages of Decomposition." November 12, 2018. https://australianmuseum.net.au/stages-of-decomposition.

Claridge, Jack. "The Rate of Decay in a Corpse." *Explore Forensics*, updated January 18, 2017. http://www.exploreforensics.co.uk/the-rate-of-decay-in-a-corpse.html.

화장하면 어떻게 어른의 몸 전체가 작은 상자에 들어갈 수 있는 걸까?

Cremation Solutions. "All About Cremation Ashes." https://www.cremationsolutions.com/information/scattering-ashes/all-about-cremation-ashes.

Warren, M. W., and W. R. Maples. "The anthropometry of contemporary commercial cremation." *Journal of Forensic Science* 42, no. 3 (1997): 417-23. https://www.ncbi.nlm.nih.gov/pubmed/9144931.

결합 쌍둥이는 반드시 한날한시에 죽을까?

Geroulanos, S., F. Jaggi, J. Wydler, M. Lachat, and M. Cakmakci. [Thoracopagus symmetricus. On the separation of Siamese twins in the 10th century A. D. by Byzantine physicians]. Article in German. *Gesnerus* 50, pt. 3-4 (1993): 179-200. https://www.ncbi.nlm.nih.gov/pubmed/8307391.

Bondeson, Jan. "The Biddenden Maids: a curious chapter in the history of conjoined twins." *Journal of the Royal Society of Medicine* 85, no. 4 (April 1992): 217-21. https://www.ncbi.nlm.nih.gov/pubmed/1433064.

Associated Press. "Twin Who Survived Separation Surgery Dies." *New York Times*, June 10, 1994. https://www.nytimes.com/1994/06/10/us/twin-who-survived-separation-surgery-dies.html.

Davis, Joshua. "Till Death Do Us Part." *Wired*, October 1, 2003. https://www.wired.com/2003/10/twins/.

Quigley, Christine. *Conjoined Twins: An Historical, Biological and Ethical Issues Encyclopedia*. Jefferson, NC: McFarland, 2012.

Smith, Rory, and Anna Cardovillis. "Tanzanian conjoined twins die at age 21." CNN, June 4, 2018. https://www.cnn.com/2018/06/04/health/tanzanian-conjoined-twins-death-intl/index.html.

멍청한 표정을 지은 채로 죽으면 영원히 그 표정을 지니게 될까?

D'Souza, Deepak H., S. Harish, M. Rajesh, and J. Kiran. "Rigor mortis in an unusual position: Forensic considerations." *International Journal of Applied and Basic Medical Research* 1, no. 2 (July-December 2011): 120-22. https://www.ncbi.nlm.nih.gov/pmc/articles/PMC3657962/.

Rao, Dinesh. "Muscular Changes." *Forensic Pathology*. http://www.forensicpathologyonline.com/e-book/post-mortem-changes/muscular-changes.
Senthilkumaran, Subramanian, Ritesh G. Menezes, Savita Lasrado, and Ponniah Thirumalaikolundusubramanian. "Instantaneous rigor or something else?" *American Journal of Emergency Medicine* 31, no. 2 (February 2013): 407. https://www.ajemjournal.com/article/S0735-6757(12)00411-1/abstract.
Fierro, Marcella F. "Cadaveric spasm." *Forensic Science, Medicine, and Pathology* 9, no. 2 (April 10, 2013). https://www.deepdyve.com/lp/springer-journals/cadaveric-spasm-aFQAGR1PmQ?articleList=%2Fsearch%3Fquery%3Dcadaveric%2Bspasm.

할머니에게 바이킹 장례식을 해 드릴 수 있을까?

Dobat, Andres Siegfried. "Viking stranger-kings: the foreign as a source of power in Viking Age Scandinavia, or, why there was a peacock in the Gokstad ship burial?" *Early Medieval Europe* 23, no. 2 (May 1, 2015). https://www.deepdyve.com/lp/wiley/v-iking-stranger-kings-the-foreign-as-a-source-of-power-in-v-iking-aSDfkk3w00D?articleList=%2Fsearch%3Fquery%3Dviking%2Bfuneral.
Devlin, Joanne. Review of *The Archaeology of Cremation: Burned Human Remains in Funerary Studies*, edited by Tim Thompson. *American Journal of Physical Anthropology* 162, no. 3 (March 1, 2017). https://www.deepdyve.com/lp/wiley/the-archaeology-of-cremation-burned-human-remains-in-funerary-studies0JPA0fEoP9?articleList=%2Fsearch%3Fquery%3Dcremation%2Bscandinavia.
ThorNews. "A Viking Burial Described by Arab Writer Ahmad ibn Fadlan." May 12, 2012. https://thornews.com/2012/05/12/a-viking-burial-described-by-arab-writer-ahmad-ibn-fadlan/.
Spatacean, Cristina. *Women in the Viking Age: Death, Life After and Burial Customs*. Oslo: University of Oslo, 2006.
Montgomery, James E. "Ibn Fadlan and the Rusiyyah." *Journal of Arabic and Islamic Studies* 3 (2000). https://www.lancaster.ac.uk/jais/volume/volume3.htm.

동물은 왜 무덤을 파헤치는 거지?

Hoffner, Ann. "Why does grave depth matter for green burial?" Green Burial Naturally, March 2, 2017. https://www.greenburialnaturally.org/blog/2017/2/27/why-does-grave-depth-matter-for-green-burial.
Harding, Luke. "Russian bears treat graveyards as 'giant refrigerators.'" *Guardian*, Octo-

ber 26, 2010. https://www.theguardian.com/world/2010/oct/26/russia-bears-eat-corpses-graveyards.
A Grave Interest (blog). April 6, 2012. http://agraveinterest.blogspot.com/2012/04/leaving-stones-on-graves.html.
Mascareñas, Isabel. "Ellenton funeral home accused of digging shallow graves." *10 News*, WSTP, updated November 1, 2017. http://www.wtsp.com/article/news/local/manateecounty/ellenton-funeral-home-accused-of-digging-shallow-graves/67-487335913.
Paluska, Michael. "Cemetery mystery: Animals trying to dig up fresh bodies?" *ABC Action News*, WFTS Tampa Bay, updated October 30, 2017. https://www.abcactionnews.com/news/region-sarasota-manatee/cemetery-mystery-animals-trying-to-dig-up-fresh-bodies.
"Badgers dig up graves and leave human remains around cemetery, but protected animals cannot be removed." *Telegraph*, September 13, 2016. https://www.telegraph.co.uk/news/2016/09/13/badgers-dig-up-graves-and-leave-human-remains-around-cemetery-bu/.
Martin, Montgomery. *The History, Antiquities, Topography, and Statistics of Eastern India*, vol 2. London: William H. Allen, 1838.

죽기 전에 팝콘 봉지를 통째로 삼켰는데 화장장으로 가면 어떻게 될까?

Gale, Christopher P., and Graham P. Mulley. "Pacemaker explosions in crematoria:problems and possible solutions." *Journal of the Royal Society of Medicine* 95, no. 7 (July 2002). https://www.ncbi.nlm.nih.gov/pmc/articles/PMC1279940/.
Kinsey, Melissa Jayne. "Going Out With a Bang." *Slate*, October 26, 2017. http://www.slate.com/articles/technology/future_tense/2017/10/implanted_medical_devices_are_saving_lives_they_re_also_causing_exploding.html.

집을 팔 때, 살 사람에게 누군가가 그 집에서 죽었다는 말을 해야 할까?

Adams, Tyler. "Is it required to disclose a murder on a property in Texas?" *Architect Tonic* (blog), December 22, 2010. https://tdatx.wordpress.com/2010/12/22/is-it-required-to-disclose-a-murder-on-a-property-in-texas/.
Griswold, Robert. "Death in a rental unit must be disclosed." *SFGate*, June 24, 2007. https://www.sfgate.com/realestate/article/Death-in-a-rental-unit-must-be-disclosed-2584502.php.
DiedInHouse website. https://www.diedinhouse.com/.

Bray, Ilona. "Selling My House: Do I Have to Disclose a Previous Death Here?" *Nolo*, n.d. https://www.nolo.com/legal-encyclopedia/selling-my-house-do-i-have-disclose-previous-death-here.html.

Spengler, Teo. "Do Apartments Have to Disclose if There's Been a Death?" *SFGate*, updated December 11, 2018. https://homeguides.sfgate.com/apartments-disclose-theres-death-44805.html.

Albrecht, Emily. "Dead Men Help No Sales." American Bar Association, n.d. https://www.americanbar.org/groups/young_lawyers/publications/tyl/topics/real-estate/dead-men-help-no-sales/.

"Do I have to Disclose a Death in the House?" Marcus Brown Properties, February 23, 2015. http://www.portlandonthemarket.com/blog/do-i-have-disclose-death-house/.

Order of the Good Death. "How Close Is Too Close? When Death Affects Real Estate." http://www.orderofthegooddeath.com/close-close-death-affects-real-estate.

White, Stephen Michael. "Should Landlords Tell Tenants About a Previous Death in the Property?" Rentprep, November 5, 2013. https://www.rentprep.com/leasing-questions/landlords-disclose-previous-death/.

Thompson, Jayne. "Does a Violent Death in a House Have to Be Disclosed?" *SFGate*, updated November 5, 2018. https://homeguides.sfgate.com/violent-death-house-disclosed-92401.html.

내가 그냥 혼수상태에 빠졌을 뿐인데 실수로 나를 묻는다면 어떻게 될까?

"Have People Been Buried Alive?" *Snopes*. https://www.snopes.com/fact-check/just-dying-to-get-out/.

Valentine, Carla. "Why waking up in a morgue isn't quite as unusual as you'd think." *Guardian*, November 14, 2014. https://www.theguardian.com/commentisfree/2014/nov/14/waking-morgue-death-janina-kolkiewicz.

Olson, Leslie C. "How Brain Death Works." *How Stuff Works*. https://science.howstuffworks.com/life/inside-the-mind/human-brain/brain-death3.htm.

Senelick, Richard. "Nobody Declared Brain Dead Ever Wakes Up Feeling Pretty Good." *Atlantic*, February 27, 2012. https://www.theatlantic.com/health/archive/2012/02/nobody-declared-brain-dead-ever-wakes-up-feeling-pretty-good/253315/.

Brain Foundation. "Vegetative State (Unresponsive Wakefulness Syndrome)." http://brainfoundation.org.au/disorders/vegetative-state.

"Buried Alive: 5 Historical Accounts." *Innovative History*. http://innovativehistory.com/ih-

blog/buried-alive.
Schoppert, Stephanie. "Back From the Dead: 8 Unbelievable Resurrections From History." *History Collection*. https://historycollection.co/back-dead-8-unbelievable-resurrections-throughout-history/.
"Beds, Herts & Bucks: Myths and Legends." BBC, November 10, 2014. http://www.bbc.co.uk/threecounties/content/articles/2008/09/29/old_mans_day_feature.shtml.
Adams, Susan. "A Fate Worse Than Death." *Forbes*, March 5, 2001. https://www.forbes.com/forbes/2001/0305/193.html#eb157542f39f.
Black Doctor. "Brain Dead vs. Coma vs. Vegetative State: What's the Difference?" https://blackdoctor.org/454040/brain-dead-vs-coma-vs-vegetative-state-whats-the-difference/.
Kiel, Carly. "12 Amazing Real-Life Resurrection Stories." *Weird History*. https://www.ranker.com/list/top-12-real-life-resurrection-stories/carly-kiel.
Marshall, Kelli. "4 People Who Were Buried Alive (And How They Got Out)." *Mental Floss*, February 15, 2014. http://mentalfloss.com/article/54818/4-people-who-were-buried-alive-and-how-they-got-out.
Lumen. "Lower-Level Structures of the Brain." https://courses.lumenlearning.com/teachereducationx92x1/chapter/lower-level-structures-of-the-brain/.
Morton, Ella. "Scratch Marks on Her Coffin: Tales of Premature Burial." *Slate*, October 7, 2014. https://slate.com/human-interest/2014/10/buried-alive-victorian-vivisepulture-safety-coffins-and-rufina-cambaceres.html.
Haynes, Sterling. "Special Feature: Tobacco Smoke Enemas." *BC Medical Journal* 54, no. 10 (December 2012): 496-97. https://www.bcmj.org/special-feature/special-feature-tobacco-smoke-enemas.
Icard, Severin. "The Written Test of the Dead and the Bump Map of Crime." *JF Ptak Science Books* (blog), post 2062. https://longstreet.typepad.com/thesciencebookstore/2013/07/jf-ptak-science-books-post-2062-the-determination-of-the-occurrence-of-death-was-a-major-medical-feature-of-the-19th-centur.html.
Association of Organ Procurement Organizations. "Declaration of Brain Death."

비행기에서 죽으면 어떻게 될까?

Clark, Andrew. "Airline's new fleet includes a cupboard for corpses." *Guardian*, May 10, 2004. https://www.theguardian.com/business/2004/may/11/theairlineindustry.travelnews.

묘지의 시신이 우리가 마시는 물맛에 안 좋은 영향을 미칠까?

Anderson, L. V. "Dead in the Water." *Slate*, February 22, 2013. http://www.slate.com/articles/health_and_science/explainer/2013/02/elisa_lam_corpse_water_what_diseases_can_you_catch_from_water_that_s_touched.html.

Sack, R. B., and A. K. Siddique. "Corpses and the spread of cholera." *Lancet* 352, no. 9140 (November 14, 1998): 1570. https://www.ncbi.nlm.nih.gov/pubmed/9843100.

Oliveira, Bruna, Paula Quintero, Carla Caetano, Helena Nadais, Luis Arroja, Eduardo Ferreira da Silva, and Manuel Senos Matias. "Burial grounds' impact on groundwater and public health: an overview." *Water and Environment Journal* 27, no. 1 (March 1, 2013). https://www.deepdyve.com/lp/wiley/burial-grounds-impact-on-groundwater-and-public-health-an-overview-wquMEqoYLq?articleList=%2Fsearch%3Fquery%3Dcorpse%2Bpreservation%26page%3D7.

Bourel, Benoit, Gilles Tournel, Valéry Hédouin, and Didier Gosset. "Entomofauna of buried bodies in northern France." *International Journal of Legal Medicine* 118, no. 4 (April 28, 2004). https://www.deepdyve.com/lp/springer-journals/entomofauna-of-buried-bodies-in-northern-france-23c5gd95d0?articleList=%2Fsearch%3Fquery%3Dcorpse%2Bpreservation%26page%3D10.

Bloudoff-Indelicato, Mollie. "Arsenic and Old Graves: Civil War-Era Cemeteries May Be Leaking Toxins." *Smithsonian*, October 30, 2015. https://www.smithsonianmag.com/science-nature/arsenic-and-old-graves-civil-war-era-cemeteries-may-be-leaking-toxins-180957115/.

전시회에 갔더니 피부가 전혀 없는 시신이 축구를 하는 모습이 있었어. 내 시신으로도 그렇게 할 수 있을까?

Bodyworlds. "Body Donation." https://bodyworlds.com/plastination/bodydonation/.

Burns, L. "Gunther von Hagens' BODY WORLDS: selling beautiful education." *American Journal of Bioethics* 7, no. 4 (April 2007): 12-23. https://www.ncbi.nlm.nih.gov/pubmed/17454986.

Engber, Daniel. "The Plastinarium of Dr. Von Hagens." *Wired*, February 12, 2013. https://www.wired.com/2013/02/ff-the-plastinarium-of-dr-von-hagens/.

Ulaby, Neda. "Origins of Exhibited Cadavers Questioned." *All Things Considered*, NPR, August 11, 2006. https://www.npr.org/templates/story/story.php?storyId=5637687.

BODIES The Exhibition, "Bodies the Exhibition Disclaimer."

음식을 먹다가 죽으면 몸에서 그 음식이 소화될까?

Bisker, C., and T. Komang Ralebitso-Senior. "Chapter 3-The Method Debate: A State-of-the-Art Analysis of PMI Investigation Techniques." *Forensic Ecogenomics* 2018: 61-86. https://doi.org/10.1016/b978-0-12-809360-3.00003-5.
Madea, B. "Methods for determining time of death." *Forensic Science, Medicine, and Pathology* 12, no. 4 (June 4, 2016): 451-485. https://doi.org/10.1007/s12024-016-9776-y.
WebMD. "Your Digestive System." https://www.webmd.com/heartburn-gerd/your-digestive-system#1.
Suzuki, Shigeru. "Experimental studies on the presumption of the time after food intake from stomach contents." *Forensic Science International* 35, nos. 2-3 (October- November 1987): 83-117. https://doi.org/10.1016/0379-0738(87)90045-4.

모든 사람이 관에 들어갈까? 키가 아주아주 크다면?

Memorials.com. "Oversized Caskets." https://www.memorials.com/oversized-caskets.php.
Collins, Jeffrey. "Judge closes funeral home that cut off a man's legs." *Post and Courier*, July 14, 2009. https://www.postandcourier.com/news/judge-closes-funeral-home-that-cut-off-a-man-s/article_53334715-8122-510f-9945-dc84e1d3bf6f.html.
Fast Caskets. "What size casket do I need for my loved one?" https://fastcaskets.wordpress.com/2016/05/31/what-size-casket-do-i-need-for-my-loved-one/.
US Funerals Online. "Can an Obese Person be Cremated?" http://www.us-funerals.com/funeral-articles/can-an-obese-person-be-cremated.html#.W9y5P3pKjOQ.
Cremation Advisor. "What happens during the cremation process? From the Funeral Home receiving the deceased for cremation, to giving the family the cremated remains." DFS Memorials, July 26, 2018. http://dfsmemorials.com/cremation-blog/tag/oversize-cremation/.
US Cremation Equipment. "Products: Human Cremation Equipment." https://www.uscremationequipment.com/products/.

죽은 뒤에도 헌혈할 수 있을까?

Babapulle, C. J., and N. P. K. Jayasundera. "Cellular Changes and Time since Death." *Medicine, Science and the Law* 33, no. 3 (July 1, 1993): 213-22. https://doi.org/10.1177/002580249303300306.
Kevorkian, J., and G. W. Bylsma. "Transfusion of Postmortem Human Blood." *American*

Journal of Clinical Pathology 35, no. 5 (May 1, 1961): 413-19. https://doi.org/10.1093/ajcp/35.5.413.
M. Sh. Khubutiya, S. A. Kabanova, P. M. Bogopol'skiy, S. P. Glyantsev, and V. A. Gulyaev. "Transfusion of cadaveric blood: an outstanding achievement of Russian transplantation, and transfusion medicine (to the 85th anniversary since the method establishment)." *Transplantologiya* 4 (2015): 61-73. https://www.jtransplantologiya.ru/jour/article/view/85?locale=en_US.
Moore, Charles L., John C. Pruitt, and Jesse H. Meredith. "Present Status of Cadaver Blood as Transfusion Medium: A Complete Bibliography on Studies of Postmortem Blood." *Archives of Surgery* 85, no. 3 (1962): 364-70. https://jamanetwork.com/journals/jamasurgery/article-abstract/560305.
Roach, Mary. *Stiff: The Curious Lives of Human Cadavers*. New York and London: W. W. Norton, 2003. See pp. 228-32.
Vásquez-Valdés, E., A. Marín-López, C. Velasco, E. Herrera-Martínez, A. Pérez-Rojas, R. Ortega-Rocha, M. Aldama-Romano, J. Murray, and D. C. Barradas-Guevara. [Blood Transfusions from Cadavers]. Article in Spanish. *Revista de Investigación Clínica* 41, no. 1 (January-March 1989): 11-6. https://www.ncbi.nlm.nih.gov/pubmed/2727428.
Nebraska Department of Health and Human Services. "Organ, Eye and Tissue Donation."

우리는 죽은 닭을 먹어. 그런데 왜 죽은 사람은 안 먹는 걸까?

Price, Michael. "Why don't we eat each other for dinner? Too few calories, says new cannibalism study." *Science*, April 6, 2017. http://www.sciencemag.org/news/2017/04/why-don-t-we-eat-each-other-dinner-too-few-calories-says-new-cannibalism-study.
Cole, James. "Assessing the Calorific Significance of Episodes of Human Cannibalism in the Palaeolithic." *Scientific Reports* 7, article no. 44707 (April 6, 2017). https://www.nature.com/articles/srep44707.
Liberski, Pawel P., Beata Sikorska, Shirley Lindenbaum, Lev G. Goldfarb, Catriona McLean, Johannes A. Hainfellner, and Paul Brown. "Kuru: Genes, Cannibals and Neuropathology." *Journal of Neuropathology and Experimental Neurology* 71, no. 2 (February 2012). https://www.ncbi.nlm.nih.gov/pmc/articles/PMC5120877/.
González Romero, María Soledad, and Shira Polan. "Cannibalism Used to Be a Popular Medical Remedy — Here's Why Humans Don't Eat Each Other Today." *Business Insider*, June 7, 2018. https://www.businessinsider.com/why-self-cannibalism-is-bad-idea-2018-5.

Wordsworth, Rich. "What's wrong with eating people?" *Wired*, October 28, 2017. https://www.wired.co.uk/article/lab-grown-human-meat-cannibalism.
Borreli, Lizette. "Side Effects Of Eating Human Flesh: Cannibalism Increases Risk of Prion Disease, And Eventually Death." *Medical Daily*, May 19, 2017. https://www.medicaldaily.com/side-effects-eating-human-flesh-cannibalism-increases-risk-prion-disease-and-417622.
Scutti, Susan. "Eating Human Brains Led To A Tribe Developing Brain Disease-Resistant Genes." *Medical Daily*, June 11, 2015. https://www.medicaldaily.com/eating-human-brains-led-tribe-developing-brain-disease-resistant-genes-337672.
Rettner, Rachael. "Eating Brains: Cannibal Tribe Evolved Resistance to Fatal Disease." *Live Science*, June 12, 2015. https://www.livescience.com/51191-cannibalism-prions-brain-disease.html.
Rense, Sarah. "Let's Talk About Eating Human Meat." *Esquire*, April 7, 2017. https://www.esquire.com/lifestyle/health/news/a54374/human-body-parts-calories/.
"Table 1: Average weight and calorific values for parts of the human body." *Scientific Reports*. https://www.nature.com/articles/srep44707/tables/1.
Katz, Brigit. "New Study Fleshes Out the Nutritional Value of Human Meat." *Smithsonian*, April 7, 2017. https://www.smithsonianmag.com/smart-news/ancient-cannibals-did-not-eat-humans-nutrition-study-says-180962823/.

묘지가 꽉 차서 더 이상 시신을 받을 수 없다면 어떻게 될까?

Biegelsen, Amy. "America's Looming Burial Crisis." *CityLab*, October 31, 2012. https://www.citylab.com/equity/2012/10/americas-looming-burial-crisis/3752/.
Wallis, Lynley, Alice Gorman, and Heather Burke. "Losing the plot: death is permanent, but your grave isn't." *The Conversation*, November 5, 2014. http://theconversation.com/losing-the-plot-death-is-permanent-but-your-grave-isnt-33459.
National Center for Health Statistics. "Deaths and Mortality." Centers for Disease Control and Prevention, updated May 3, 2017. https://www.cdc.gov/nchs/fastats/deaths.htm.
de Sousa, Ana Naomi. "Death in the city: what happens when all our cemeteries are full?" *Guardian*, January 21, 2015. https://www.theguardian.com/cities/2015/jan/21/death-in-the-city-what-happens-cemeteries-full-cost-dying.
Ryan, Kate, and Christine Steinmetz. "Housing the dead: what happens when a city runs out of space?" *The Conversation*, January 4, 2017. https://theconversation.com/housing-the-dead-what-happens-when-a-city-runs-out-of-space-70121.

National Environmental Agency, Singapore. "Post Death Matters." Updated June 20, 2018. https://www.nea.gov.sg/our-services/after-death/post-death-matters/burial-cremation-and-ash-storage.

사람이 죽을 때 하얀빛을 본다는 말이 사실일까?

Konopka, Lukas M. "Near death experience: neuroscience perspective." *Croatian Medical Journal* 56, no. 4 (August 2015): 392-93. https://doi.org/10.3325/cmj.2015.56.392.
Mobbs, Dean, and Caroline Watt. "There is nothing paranormal about near-death experiences: how neuroscience can explain seeing bright lights, meeting the dead, or being convinced you are one of them." *Trends in Cognitive Sciences* 15, no. 10 (October 1, 2011): 447-49. https://doi.org/10.1016/j.tics.2011.07.010.
Lambert, E. H., and E. H. Wood. "Direct determination of man's blood pressure on the human centrifuge during positive acceleration." *Federation Proceedings* 5, no. 1 pt. 2 (1946): 59. https://www.ncbi.nlm.nih.gov/pubmed/21066321.
Owens, J. E., E. W. Cook, and I. Stevenson. "Features of 'near-death experience' in relation to whether or not patients were near death." *Lancet* 336, no. 8724 (November 10, 1990): 1175-77. https://www.ncbi.nlm.nih.gov/pubmed/1978037.
van Lommel, P., R. van Wees, V. Meyers, and I. Elfferich. "Near-death experience in survivors of cardiac arrest: a prospective study in the Netherlands." *Lancet* 358, no. 9298 (December 15, 2001): 2039-45. https://www.ncbi.nlm.nih.gov/pubmed/?term=Elfferich%20I%5BAuthor%5D&cauthor=true&cauthor_uid=11755611.
Tsakiris, Alex. "What makes near-death experiences similar across cultures? L-O-V-E." *Skeptiko*, January 27, 2019. https://skeptiko.com/265-dr-gregory-shushan-cross-cultural-comparison-near-death-experiences/.

벌레는 왜 사람 뼈를 먹지 않지?

Bloudoff-Indelicato, Mollie. "Flesh-Eating Beetles Explained." *National Geographic*, 17 January 17, 2013. https://blog.nationalgeographic.org/2013/01/17/flesh-eating-beetles-explained/.
Hall, E. Raymond, and Ward C. Russell. "Dermestid Beetles as an Aid in Cleaning Bones." *Journal of Mammalogy* 14, no. 4 (November 13, 1933): 372-74. https://doi.org/10.1093/jmammal/14.4.372.
Henley, Jon. "Lords of the flies: the insect detectives." *Guardian*, September 23, 2010. https://www.theguardian.com/science/2010/sep/23/flies-murder-natural-history-museum.

Monaco, Emily. "In 1590, Starving Parisians Ground Human Bones Into Bread." *Atlas Obscura*, October 29, 2018. https://www.atlasobscura.com/articles/what-people-eat-during-siege.

Vrijenhoek, Robert C., Shannon B. Johnson, and Greg W. Rouse. "A remarkable diversity of bone-eating worms (Osedax; Siboglinidae; Annelida)." *BMC Biology* 7 (November 2009): 74. https://doi.org/10.1186/1741-7007-7-74.

Zanetti, Noelia I., Elena C. Visciarelli, and Néstor D. Centeno. "Trophic roles of scavenger beetles in relation to decomposition stages and seasons." *Revista Brasileira de Entomologia* 59, no. 2 (2015): 132-37. http://dx.doi.org/10.1016/j.rbe.2015.03.009.

시신을 매장하고 싶은데 땅이 꽁꽁 얼어붙었다면 어떻게 하지?

Liquori, Donna. "Where Death Comes in Winter, and Burial in the Spring." *New York Times*, May 1, 2005. https://www.nytimes.com/2005/05/01/nyregion/where-death-comes-in-winter-and-burial-in-the-spring.html.

Rylands, Traci. "The Frozen Chosen: Winter Grave Digging Meets Modern Times." *Adventures in Cemetery Hopping* (blog), February 27, 2015. https://adventuresincemetery-hopping.com/2015/02/27/frozen-funerals-how-grave-digging-meets-modern-times/.

"Cold Winters Create Special Challenges for Cemeteries." *The Funeral Law Blog*, April 26, 2014. https://funerallaw.typepad.com/blog/2014/04/cold-winters-create-special-challenges-for-cemeteries.html.

Schworm, Peter. "Icy weather making burials difficult." Boston.com (website of *Boston Globe*), February 9, 2011. http://archive.boston.com/news/local/massachusetts/articles/2011/02/09/icy_weather_making_burials_difficult/.

Lacy, Robyn. "Winter Corpses: What to do with Dead Bodies in colonial Canada." *Spade and the Grave* (blog), February 18, 2018. https://spadeandthegrave.com/2018/02/18/winter-corpses-what-to-do-with-dead-bodies-in-colonial-canada/.

"Funeral Planning: Winter Burials." iMortuary, blog post, November 2, 2013. https://www.imortuary.com/blog/funeral-planning-winter-burials/.

Rutledge, Mike. "Local woman hopes to restore historic vault at Hamilton cemetery." *Journal-News*, August 26, 2017. https://www.journal-news.com/news/local-woman-hopes-restore-historic-vault-hamilton-cemetery/zUekzY68vA9biv8NVfqJVN/.

시신의 냄새를 말로 표현할 수 있어?

Costandi, Moheb. "The smell of death." *Mosaic*, May 4, 2015. https://mosaicscience.

com/extra/smell-death/.
Verheggen, François, Katelynn A. Perrault, Rudy Caparros Megido, Lena M. Dubois, Frédéric Francis, Eric Haubruge, Shari L. Forbes, Jean-François Focant, and Pierre-Hugues Stefanuto. "The Odor of Death: An Overview of Current Knowledge on Characterization and Applications." *BioScience* 67, no. 7 (July 1, 2017): 600-13. https://doi.org/10.1093/biosci/bix046.
Ginnivan, Leah. "The Dirty History of Doctors' Hands." *Method*, n.d. http://www.methodquarterly.com/2014/11/handwashing/.
Haven, K. F. *100 Greatest Science Inventions of All Time*. Westport, CT: Libraries Unlimited, 2005. See pp. 118-19.
Izquierdo, Cristina, José C. Gómez-Tamayo, Jean-Christophe Nebel, Leonardo Pardo, and Angel Gonzalez. "Identifying human diamine sensors for death related putrescine and cadaverine molecules." *PLoS Computational Biology* 14, no. 1 (January 11, 2018): e1005945. https://doi.org/10.1371/journal.pcbi.1005945.

멀리 전쟁터에서 죽은 병사, 즉 시신을 찾지 못한 병사는 어떻게 될까?

Kuz, Martin. "Death Shapes Life for Teams that Prepare Bodies of Fallen Troops for Final Flight Home." *Stars and Stripes*, February 17, 2014. https://www.stripes.com/death-shapes-life-for-teams-that-prepare-bodies-of-fallen-troops-for-final-flight-home-1.267704.
Collier, Martin, and Bill Marriott. *Colonisation and Conflict 1750-1990*. London: Heinemann, 2002.
Beatty, William. *The Death of Lord Nelson*. London: T. Cadell and W. Davies, 1807.
Lindsay, Drew. "Rest in Peace? Bringing Home U.S. War Dead." *MHQ Magazine*, Winter 2013. https://www.historynet.com/rest-in-peace-bringing-home-u-s-war-dead.htm.
Quackenbush, Casey. "Here's How Hard It Is to Bring Home Remains of U.S. Soldiers, According to Experts." *Time*, July 27, 2018. http://time.com/5322001/north-korea-war-remains-dpaa/.
Defense POW/MIA Accounting Agency. "Fact Sheets." http://www.dpaa.mil/Resources/Fact-Sheets/.
Dao, James. "Last Inspection: Precise Ritual of Dressing Nation's War Dead." *New York Times*, May 25, 2013. https://www.nytimes.com/2013/05/26/us/intricate-rituals-for-fallen-americans-troops.html.

내 햄스터도 나와 함께 묻힐 수 있을까?

King, Barbara J. "When 'Whole-Family' Cemeteries Include Our Pets." NPR, May 18, 2017. https://www.npr.org/sections/13.7/2017/05/18/528736490/when-whole-family-cemeteries-include-our-pets.

Green Pet-Burial Society. "Whole-Family Cemetery Directory-USA." https://greenpetburial.org/providers/whole-family-cemeteries/.

Nir, Sarah Maslin. "New York Burial Plots Will Now Allow Four-Legged Companions." *New York Times*, October 6, 2016. https://www.nytimes.com/2016/10/07/nyregion/new-york-burial-plots-will-now-allow-four-legged-companions.html.

Banks, T. J. "Why Some People Want to Be Buried With Their Pets." *Petful*, August 28, 2017. https://www.petful.com/animal-welfare/can-pet-buried/.

Vatomsky, Sonya. "The Movement to Bury Pets Alongside People." *Atlantic*, October 10, 2017. https://www.theatlantic.com/family/archive/2017/10/whole-family-cemeteries/542493/.

Blain, Glenn. "New Yorkers can be buried with their pets under new law." *New York Daily News*, September 26, 2016. https://www.nydailynews.com/new-york/new-yorkers-buried-pets-new-law-article-1.2807109.

LegalMatch. "Pet Burial Laws." https://www.legalmatch.com/law-library/article/pet-burial-laws.html.

Isaacs, Florence. "Can You Bury Your Pet With You After You Die?" Legacy.com, "2 years ago" (from February 13, 2019). http://www.legacy.com/news/advice-and-support/article/can-you-bury-your-pet-with-you-after-you-die.

Pruitt, Sarah. "Scientists Reveal Inside Story of Ancient Egyptian Animal Mummies." *History*, May 12, 2015. https://www.history.com/news/scientists-reveal-inside-story-of-ancient-egyptian-animal-mummies.

Faaberg, Judy. "Washington state seeks to force cemeteries to bury pets with their humans." International Cemetery, Cremation and Funeral Association, blog post, January 16, 2009. https://iccfa.com/2009/01/16/washington-state-seeks-to-force-cemeteries-to-bury-pets-with-their-humans/.

"Benji I." Find A Grave. https://www.findagrave.com/memorial/7376655/benji_i.

Street, Martin, Hannes Napierala, and Luc Janssens. "The late Paleolithic dog from Bonn-Oberkassel in context." *In The Late Glacial Burial from Oberkassel Revisited*, edited by L. Giemsch and R. W. Schmitz. Rheinische Ausgrabungen 72: 253-74. https://www.researchgate.net/publication/284720121_Street_M_Napierala_H_Janssens_L_2015_The_ late_Palaeolithic_dog_from_Bonn-Oberkassel_in_context_In_The_Late_Glacial_Burial_from_Oberkassel_Revisited_L_Giemsch_R_W_Schmitz_eds_Rheinische_Ausgrabungen_72.

관 속에서 머리카락이 계속 자랄까?

Palermo, Elizabeth. "30-Foot Fingernails: The Curious Science of World's Longest Nails." *Live Science*, October 1, 2015. https://www.livescience.com/52356-science-of-worlds-longest-fingernails.html.

Hammond, Claudia. "Do your hair and fingernails grow after death?" *BBC Future*, May 28, 2013. http://www.bbc.com/future/story/20130526-do-your-nails-grow-after-death.

Aristotle. "De Generatione Animalium." *The Works of Aristotle*, edited by J. A. Smith and W. D. Ross, vol. 5. Oxford: Clarendon Press, 1912.

"Editorial: The Druce Case." *Edinburgh Medical Journal* 23: 97-100. Edinburgh and London: Young J. Pentland, 1908.

화장한 유골을 장신구로 쓸 수 있을까?

Nora Menkin, Executive Director at People's Memorial Association and the Co-op Funeral Home, was an important source for this section.

Kim, Michelle. "How Cremation Works." *How Stuff Works*. https://science .howstuffworks.com/cremation2.htm.

FuneralWise. "The Cremation Process." https://www.funeralwise.com/plan/cremation/cremation-process/.

Chesler, Caren. "Burning Out: What Really Happens Inside a Crematorium." *Popular Mechanics*, March 1, 2018. https://www.popularmechanics.com/science/health/a18923323/cremation/.

Absolonova, Karolina, Miluše Dobisíková, Michal Beran, Jarmila Zoková, and Petr Veleminsky. "The temperature of cremation and its effect on the microstructure of the human rib compact bone." *Anthropologischer Anzeiger* 69, no. 4 (November 2012): 439-60. https://www.researchgate.net/publication/235364719_The_temperature_of_cremation_and_its_effect_on_the_microstructure_of_the_human_rib_compact_bone.

The Funeral Source. "Asian Funeral Traditions." http://thefuneralsource.org/trad140205.html.

Treasured Memories. "Japanese Cremation Ceremony: A Celebration of Life." https://tmkeepsake.com/blog/celebration-life-japenese-cremation-ceremony/.

Perez, Ai Faithy. "The Complicated Rituals of Japanese Funerals." *Savvy Tokyo*, October 21, 2015. https://savvytokyo.com/the-complicated-rituals-of-japanese-funerals/.
LeBoutillier, Linda. "Memories of Japan: Cemeteries and Funeral Customs." *Random Thoughts . . . a beginner's blog*, January 8, 2014. http://mettahu.blogspot.com/2014/01/memories-of-japan-cemeteries-and.html.
Imaizumi, Kazuhiko. "Forensic investigation of burnt human remains." *Research and Reports in Forensic Medical Science* 2015, no. 5 (December 2015): 67-74. https://www.dovepress.com/forensic-investigation-of-burnt-human-remains-peer-reviewed-fulltext-article-RRFMS.
North Carolina Legislature. "Article 13F: Cremations." https://www.ncleg.net/EnactedLegislation/Statutes/PDF/ByArticle/Chapter_90/Article_13F.pdf.

미라는 감쌀 때 악취를 풍겼을까?

"The Chemistry of Mummification." *Compound Interest*, October 27, 2016. http://www.compoundchem.com/2016/10/27/mummification/.
Krajick, Kevin. "The Mummy Doctor." *New Yorker*, May 16, 2005.
Smithsonian Institution. "Ancient Egypt/ Egyptian Mummies." https://www.si.edu/spotlight/ancient-egypt/mummies.

문상 때 할머니 시신을 보니, 윗도리 안의 몸이 랩으로 감싸여 있었어. 왜 그렇게 한 거지?

Faull, Christina, and Kerry Blankley. "Table 7.2: Care for a Patient After Death." *Palliative Care*. 2nd edition. Oxford, UK: Oxford University Press, 2015.
Smith, Matt. "Embalming the Severe EDEMA Case: Part 1." *Funeral Business Advisor*, January 26, 2016. https://funeralbusinessadvisor.com/embalming-the-severe-edema-case-part-1/funeral-business-advisor.
Payne, Barbara. "Winter 2015 dodge magazine." https://issuu.com/ddawebdesign/docs/winter_2015_dodge_magazine.

고양이로부터 내 시체를 지키는 방법

죽음과 시체에 관한 기상천외한 질문과 과학적 답변

2021년 3월 5일 1판 1쇄
2023년 5월 20일 1판 3쇄

지은이 케이틀린 도티
옮긴이 이한음
기획위원 노만수

편집 이진 · 이창연 · 홍보람 **디자인** 김효진
마케팅 이병규 · 이민정 · 최다은 · 강효원 **홍보** 조민희 **제작** 박흥기
인쇄 천일문화사 **제책** J&D바인텍

펴낸이 강맑실 **펴낸곳** (주)사계절출판사
등록 제406-2003-034호 **주소** (우)10881 경기도 파주시 회동길 252
전화 031)955-8588, 8558 **전송** 마케팅부 031)955-8595 편집부 031)955-8596
홈페이지 www.sakyejul.net **전자우편** skj@sakyejul.com
블로그 blog.naver.com/skjmail **페이스북** facebook.com/sakyejul
트위터 twitter.com/sakyejul

값은 뒤표지에 적혀 있습니다. 잘못 만든 책은 서점에서 바꾸어 드립니다.

사계절출판사는 성장의 의미를 생각합니다.
사계절출판사는 독자 여러분의 의견에 늘 귀 기울이고 있습니다.

ISBN 979-11-6094-714-4 43400